JN056963

例題で学ぶ

はじめてのC言語

［第2版］

大石弥幸／朝倉宏一 共著

ムイスリ出版

まえがき

　コンピュータは生活の中のとても身近な存在なのに，使いにくい，うまく動かないと不満の声も聞こえてきます．それはハードやソフトの設計がまずいということもあるのですが，ユーザーにコンピュータの仕組みが見えていないということも大きな原因だと考えられます．コンピュータを上手に使うには内部の処理の様子をある程度理解する必要があるのです．

　コンピュータを使って仕事をしている人たちを見ると，プログラミングの経験者とそうでない人ではコンピュータに対する態度が明らかに違います．経験者はコンピュータの得意な仕事と苦手な仕事の区別がつくからです．プログラミングの勉強はプログラムを作れるようになるだけでなく，コンピュータの本質を学ぶことにもなるのです．

　プログラム言語にもいろいろなものがあります．その中で最も利用度が高いのが C 言語とその発展型の C++（シープラスプラス）です．この本は，C 言語ではじめてプログラミングを学ぶ人のために書かれています．

　プログラムの学習は外国語と似ています．単語や文法を覚え，それを使って作文するという点ではそっくりです．そして，繰り返し練習をしないと上達しないということも同じです．本書は，多くの例題を使って解説し，説明の中にも使い方の例をたくさん入れました．とにかく実例に触れて，少しでも多くのプログラムを作ってください．外国語もプログラムも最初はものまねから始めればいいのです．

　プログラミング上達の第 1 のコツは「好奇心」です．例題プログラムは，そのとおりに打ち込めば必ず動きますが，始めのうちは入力ミスをなくすだけでも苦労すると思います．ですから，無事に実行できるとホッとしてしまうかもしれません．でも，それだけで満足しないでください．例題を少しずつ書き換えて何度も実行してみてください．間違えてもかまいません．プログラムを間違えたってコンピュータは壊れません．「こうしたらどうなるの？」と思ったらすぐに実行してみてください．

　第 2 のコツは「集中力」です．プログラムの動きは普通の文章と違って，ざっと読んだだけではわかりません．またムードで理解できるものでもありません．ですから，こうすると，こうなって，次はどうなるか …，と順を追って考えなければなりません．これには集中力が必要です．

　本書の扱う範囲は C 言語の基礎です．C 言語の全範囲を網羅してはいませんが，これだけ知っていれば，まず困ることはありません．また，最終章では C++ の基本部分についても触れています．プログラムを実務にする人にとってはいずれ C++ を使うことになるでしょう．そのときの準備として役立つはずです．

　この本を書くにあたっては，実際に授業で学生の皆さんが困ったり躓いたりしたことから多くのヒントをいただきました．先達の経験をフィードバックし，さらに理解しやすいテキスト

を目指しました．また，今回の改訂では現場から要望があったいくつかの項目を追加し，例題や説明項目を増やしました．これからも多くの方が C 言語の面白さを味わえることを期待しています．

　2021 年 10 月　　　　　　　　　　　　　　　　　　　　　　　　　　　　著　者

contents

プログラム

1.1　プログラムとは何か

　コンピュータの特長，あるいは他の機械と異なる点は，1 台でいろいろな用途に使えることだろう．同じ機械で科学計算，文章作成，製図，ビデオ再生，ゲーム，インターネット検索，チャットなど，さまざまなことができる．それは，コンピュータが**プログラム**に従って動いているからである．つまり，プログラムを入れ換えれば別の動作をさせることができるのである．

　このように，プログラムという形で動作を覚えさせておく方式は**ノイマン方式**と呼ばれている．ノイマン方式では主記憶装置（メモリー）にプログラムを記憶させておくと，CPU（中央処理装置）がそれを読み出して自動的に実行する．

　私たちはコンピュータの利用目的に応じて必要なソフトウェアを入手する．こうしたソフトウェアは，コンピュータの動作方法が記されたプログラムと，それを実行する際に必要なデータの集まりである．

　プログラムとは一言でいうならコンピュータに対する命令書であり，コンピュータが正しく動作するような命令を並べてやらなければならない．これがプログラムを作るということである．コンピュータの動作の特徴として「プログラムに書かれたことだけを正確に実行する」ということがある．命令は確実に実行するが，プログラムに書かれた以外のことは何もしない．また，人間が誤った命令を与えれば，そのとおりに誤った動作をすることになる．したがって，間違いのないプログラムを作ることが非常に重要になる．

　さらに，コンピュータの仕事は人間を相手にすることが多いから，人間にとって扱いやすくなくてはならない．これはプログラムの書き方というよりも，プログラムの設計である．その意味で，プログラムの作成は「もの作り」であり，プログラムにも正誤以外に優劣の評価がでてくる．

　近年はコンピュータが複雑化したため，一般利用者がプログラムを作成する機会は少ない．しかし，専門家でなくてもプログラムを作ることは可能である．プログラムの専門家を目指す人はもちろんであるが，そうでない人もプログラミングを勉強しておくことは，既成のプログラムを利用するのに，またコンピュータ全般の理解におおいに役立つものである．

1.2　コンパイラ

　コンピュータを動作させるには，プログラムが必要であることは前述した．では，そのプログラムはどうやって作り，どうやってコンピュータで実行させるのだろうか．最も直接的な方法は，CPU に対する命令をメモリーに書き込んで（記憶させて）それを実行する状態にすることである．この場合のプログラムは**機械語**（マシン語）といって，CPU によって決まっているデータである．メモリーは 0 と 1 を記憶するだけの装置であるから，機械語は単なる 2 進数の数値である．したがって，機械語でプログラムを作ろうとすると，命令を表す 2 進数をすべて理解しなければならない．これは非常に面倒な作業である．

　そこで，機械語の命令を 2 進数ではなく，人間にわかりやすいアルファベットや数字で表現する**アセンブリ言語**というものが考え出された．ただし，アセンブリ言語でプログラムを書いても，CPU はそれを直接実行できるわけではない．つまり，アセンブリ言語を機械語に翻訳しなければならない．この翻訳作業は**アセンブラ**というプログラムを使ってコンピュータ自身に行わせる．すなわち，プログラマはまず，アセンブリ言語でプログラムを書き，これをいったんファイルとして保存する．次に，アセンブラを起動してこのファイルの内容を翻訳して機械語プログラムを作り，それを実行させるわけである．アセンブラ自体はもちろん機械語のプログラムであり，それぞれのコンピュータに応じたものが提供されている．アセンブラを使うことによって，機械語を直接扱うよりは簡単にプログラムを作れるようになる．しかし，アセンブリ言語は機械語を別の文字列に置き換えただけのものなので，CPU の構造や OS の利用法を熟知していなければプログラムを作ることはできない．また CPU の種類が違えば命令の種類も異なるという問題もある．

　そこで，さらに人間に理解しやすい表現方法でプログラムを作る方法が考案された．それが**コンパイラ言語**と呼ばれるものである．アセンブリ言語が機械寄りであることから低級言語というのに対して，コンパイラ言語は高級言語と呼ばれる．コンパイラ言語では，意味のある単語や数式を使ってプログラムを書くことができ，さらに機械語ではいくつも命令を並べなければならないような処理も短い表現で表せるようになっている．代表的なコンパイラ言語にはFORTRAN，COBOL，Pascal，C 言語，C++ などがある．

　コンパイラ言語でプログラムを作る手順はアセンブリ言語と同じである．すなわち，始めにコンパイラ言語の文法（規則）に従ってプログラムを書き，その後，**コンパイラ**というプログラムを使って，それを機械語に翻訳する．コンパイラも各種のコンピュータあるいは OS に対応したものが提供されていて，それぞれに適した機械語プログラムを作ることができる．最近は，機械語への翻訳の過程がもう少し複雑なものもあるが，基本的には人間にわかりやすい表現でプログラムを作り，それを機械語に変換して実行するという考え方は同じである．

```
01101011011          LD A, 12H          char w[100];
11100101001          ADD B              puts("Input");
00110100110          JPZ 2020H          gets(word);
10100110101          INC                if(w[0]>'C') {
01010101011          JPZ 2030H              printf("No");
                                         }
     機械語              アセンブリ言語           コンパイラ言語
```

1.3 コンパイラによるプログラムの作成

　これから学ぶ C 言語は，コンパイラ言語である．この節では，コンパイラを使ってプログラムを作成，翻訳，実行する方法について詳しく述べる．

　まず，プログラムは**エディタ**（テキストエディタ）を使って作成する．エディタとは，ワープロと同じようにキーボードを使って文字をコンピュータに入力したり，編集したりするためのプログラムである．ただし，ワープロと違い，清書印刷を目的とした文字飾りやレイアウトに関する機能が省略されている．エディタで作成したプログラムは，プログラムの源という意味で**ソースプログラム**（source program）と呼ぶ．ソースプログラムはファイルとしていったん，ハードディスクなどの補助記憶装置に保存される．

　次にコンパイラを起動して，ソースプログラムを機械語プログラムに翻訳する（これをコンパイルするという）．この翻訳結果は**オブジェクトプログラム**（object program）と呼ばれ，これもファイルとして補助記憶装置に記憶される．

　さて，オブジェクトプログラムは機械語のプログラムではあっても，実行に必要なすべての機械語命令を含んでいるわけではない．実行に必要な残りの機械語プログラムは，ライブラリというファイルに収められている．ライブラリの中には，どんなプログラムでも共通に使う機械語プログラムが含まれている．そこで，ライブラリから必要な機械語プログラムを取り出して，オブジェクトプログラムに結合（リンク）してやらなければならない．この作業を行うのが**リンカ**である．リンカで処理された結果は**実行形式プログラム**といい，これも補助記憶装置にファイルとして保存される．こうして完成した実行形式プログラムは，OS の管理の下でいつでも実行させることができる．

　ただし，以上の処理過程はソースプログラムにエラー（誤り）がない場合の話である．実際プログラムを作ってみると，必ずといっていいほど誤りをおかしてしまうものである．もしソースプログラムに文法の規則に反する記述があると，コンパイラはそれを翻訳できないし，オ

ブジェクトプログラムも生成されない．この場合は，エラーの原因を調べてソースプログラムを修正し，コンパイルをやり直さなければならない．

エラーはリンカの処理過程で発生することもある．これはライブラリには存在しないプログラムをリンクしようとしたときなどに発生する．また，プログラムを実行している段階で発生するエラーもある．たとえば 0 による割り算をした場合などである．さらにプログラムの実行は行われるが，自分の意図した通りに動作しないということもよく起こる．これはソースプログラムの組み立て方自体が間違っているからで，こういうときにも当然ソースプログラムの編集からやり直すことになる．

プログラムを作成する際には，いろいろな原因でエラーが発生する．エラーの原因となる誤りを俗に**バグ**（bug：**虫**），それをなくすことを**デバッグ**（debug：**虫取り**）という．文法に反するような記述に対しては，コンパイラが**エラーメッセージ**（間違いの場所や理由を知らせる簡単な文）を出力するので，大まかなエラーの原因を知ることはできる．しかし，これは機械的なチェックでしかないので，本当の原因が検出されるとは限らない．

デバッグ作業は予想以上に手間がかかる．無計画にソースプログラムを作成すると，デバッグの方に時間がかかってしまうことも珍しくない．最初は面倒であっても，十分に計画を練り，わかりやすく整理した形のプログラムを書くことが重要である．

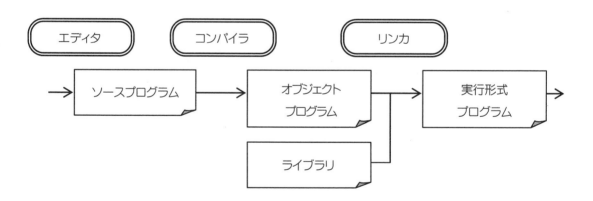

1.4 C言語とは

　C言語は，1972年頃，アメリカのベル研究所でUNIXというOSの開発過程で生まれた．C言語は本来OSなどの基本プログラムの記述用という性格を持っているが，その機能の柔軟性のため利用者が増え，現在ではさまざまな用途に用いられ，主流の言語として定着している．

　C言語が多くの人に受け入れられた理由の1つに，構造化プログラムが書けるような文法を持っていることがある．C言語以前のFORTRAN，COBOL，BASICなどでは，無計画にプログラムを作ると非常に読みにくいプログラムになってしまうという欠点があった．C言語はこうした欠点に対する反省の上に設計されたのである．C言語はその利点のため多くの技術者達に受け入れられるようになった．しかし，柔軟性の代償として，ちょっとしたミスでプログラムが正常に動作しなくなったり，エラーの原因がわかりにくくなったりする欠点も持っている．つまり，プログラマが負うべき責任が大きいのである．

　なお，C言語を発展させた言語として**C++**（シープラスプラス）がある．C++は1980年代にC言語の上位互換（C言語でできることをすべて含む）言語として開発された．ただし，C++はC言語の単なる改良版と見るよりは，**オブジェクト指向**という考え方をC言語的に導入したものと捉えた方がいいだろう．最近の実用プログラムは，Windowsに代表されるような**GUI**（Graphical User Interface）のプログラムが主流になっている．そのように従来よりも格段に複雑になったプログラムでもわかりやすく作成でき，またプログラムが思いがけない事故を起こすというようなことを防ぐにはオブジェクト指向という考え方が不可欠なのである．

　そのため近年はC++の利用率が上がっている．そこで最初からC++を学習するということも考えられるが，基本から学ぶという意味ではまずC言語から始める方が無難だろう．C++で学ぶことの大半はC言語と共通であるから，C言語で学習したことが無駄になることはほとんどない．

1.5 C言語のプログラム作成の実際

　C 言語のプログラムを作成し，それを実行する方法は OS やエディタ，コンパイラによって異なる．また，最近は GUI 環境でのプログラム作成もあり，マウスでメニューを選択して実行するものもある．

　ここでは，いくつかの例を紹介しよう．UNIX（Linux），Windows のコマンドプロンプトおよび Windows の GUI で実行する方法である．

■ UNIX のコマンドラインの場合

1）エディタでソースプログラムを作成し，ファイルとして保存する

　メニューあるいはコマンドでエディタを起動してソースプログラムを入力する．たとえば UNIX でよく使われている emacs というエディタをコマンドで起動するには

　　　　% emacs prog.c

と入力する（%はプロンプトを表しているので，入力する必要はない）．ここで「prog.c」はソ

ースファイルの名前である．ソースファイル名は OS で許される名前なら何でもよいが，拡張子（ファイル名の「.」の後の文字）は「c」としなければならない．エディタ画面で，たとえば右のようなプログラムをキーボードから打ち込む．そして間違いがないことを確認して保存・終了すると「prog.c」というファイルが作成される．

```
#include <stdio.h>
int main(void) {
    printf("C Programming¥n");
    return 0;
}
```

2）コンパイラを起動する

　UNIX の場合，コンパイラのコマンド名は標準では「cc」である．

　　　　% cc prog.c

と入力するとコンパイルと同時にリンクも行われて，プログラムにエラーがなければ「a.out」という実行形式ファイルが作成される．もし，実行形式ファイルの名前を指定したければ，

　　　　% cc -o prog prog.c

とすることで，「prog」という名前の実行形式ファイルが得られる．

3）実行形式ファイルを実行する

実行形式ファイルのファイル名をキー入力すれば実行される．上の例では

```
% a.out
```

や

```
% prog
```

と入力すればプログラムが実行される．

■ Windows のコマンドプロンプトの場合

1）エディタでソースプログラムを作成し，ファイルとして保存する

コマンドでエディタを起動するなら，たとえば

```
> notepad prog.c
```

と入力する（＞はプロンプトを表しているので，入力する必要はない）．もちろん他のエディタ
でもかまわないし，メニューやアイコンのクリックで起動してもよい．「prog.c」はソースファ
イルの名前である．ソースファイル名の拡張子は「c」とする．ファイル名を指定しないで起動
した場合は必ず「.c」の付く名前で保存する．

2）コンパイラを起動する

コンパイラのコマンド名は「c l」（Microsoft C の場合）である．そこで

```
> cl prog.c
```

と入力するとコンパイルと同時にリンクも行われて，プログラムにエラーがなければ
「prog.exe」という実行形式ファイルが作成される．コンパイルのコマンド名はコンパイラの
種類によって異なるので注意しよう．

3）実行形式ファイルを実行する

実行形式ファイルのファイル名をキー入力すれば実行される．この例では

```
> prog
```

と入力すればプログラム（prog.exe）が実行される．ここで，「prog.c」と入力しないように注
意しよう．「.c」を付けてしまうと他のプログラムが立ち上がってしまうことがある．

■ Visual Studio の場合

マイクロソフト社の Visual Studio は，C++（C言語を含む），C#，BASIC など複数の言語で Windows のさまざまなプログラムを開発するための統合環境である．ほとんどの操作にマウスを使用でき，編集，コンパイル，リンク，実行，デバッグができるようになっている．本書で扱うような C言語のプログラムもこの中で作ることができる．

Visual Studio では単にソースプログラムをコンパイルするだけでなく，関連するデータファイルなども含めてプロジェクトやソリューションという単位で管理する．そのため事前の設定事項がやや多くなっている．また，実行ファイルを作るまでの作業も単なるコンパイルではなく「ビルド」という言葉で表している．

使い方は，バージョンの違いやインストールの仕方によって若干の違いがある．ここでは，Visual Studio 2019 において，プロジェクトのみを使用する方法と，プロジェクトとソリューションを使用する方法について説明する．

（1）プロジェクトのみを使用する

例題や問題ごとにそれぞれプロジェクトを作成する方法である．プロジェクトとはソースプログラムだけでなく，プログラムの実行で使用するデータファイルや，プログラムの実行方法を指定する設定ファイルなどをまとめて管理する単位のことである．

1）「ファイル」メニューの「新規作成」より「プロジェクト」を選択すると，「新しいプロジェクトの作成」ウィンドウが表示される．ここで「空のプロジェクト」を選択し，「次へ」をクリックする．新規起動時には表示されるウィンドウより「新しいプロジェクトの作成」を選択し，同様にする．

2）「プロジェクト名」や「場所」を適切に設定し，「ソリューションとプロジェクトを同じディレクトリに配置する」にチェックを入れる．「作成」をクリックすることで，メイン・ウィンドウが表示される．

3）「ソリューション エクスプローラー」の「ソース ファイル」を右クリックし，「追加」内の「新しい項目」を選択する．

4）「C++ファイル（.cpp）」を選択し，名前を指定して，「追加」をクリックする．拡張子は cpp のままではなく，c に変更する．

5）「プロジェクト」メニューより「（プロジェクト名）のプロパティ」を選択する．「C/C++」の「SDL チェック」で「いいえ（/sdl-）」を選択する．

これでソースプログラムの入力・編集ができるようになる．

プログラムを実行するには，次のように操作する．

1）「ビルド」メニューより「（プロジェクト名）のビルド」を選択すると，「出力」部分にビルド（コンパイル）の状況が表示される．エラーがあればここに表示される．

2）「デバッグ」メニューより「デバッグなしで開始」を選択すると，新しいウィンドウとしてコマンドプロンプトが現れ，そこでプログラムが実行される．

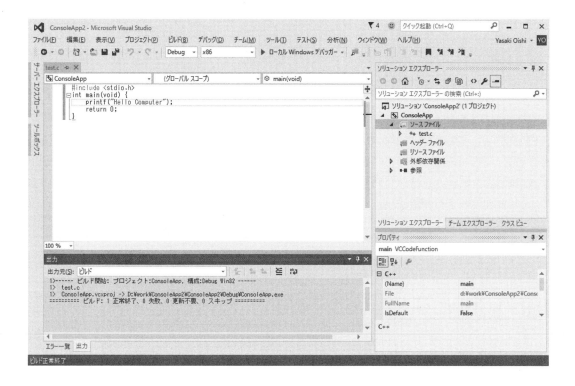

（2）プロジェクトとソリューションを使用する

ソリューションとは複数のプロジェクトをまとめて管理する単位のことである．1つのソリューションの中に複数のプロジェクトが存在し，プロジェクトを切り替えながら作業することができる．例えば，ソリューション名を「reidai-c」，プロジェクト名を「example0201」とすると，「reidai-c 内の example0201 プロジェクト」という意味になる．同じソリューションにプロジェクトを追加することで，複数のプロジェクトをまとめて管理することができる．

1）プロジェクトの作成時に「ソリューションとプロジェクトを同じディレクトリに配置する」にチェックを外し，「ソリューション名」を設定する．

2）「ソリューション エクスプローラー」の「ソリューション」を右クリックし，メニューから「プロパティ」を選択する．

3）「スタートアップ プロジェクト」で「現在の選択」を選択する．

次に，新しいプロジェクトを作成する場合は，プロジェクト作成ウィンドウにおいて「ソリ

ューション」の部分で「ソリューションに追加」を選択する．ソリューションを使用することで，複数のプロジェクトを切り替えながらプログラムの作成や実行が可能となる．

Column

SDL チェック

　Visual Studio のプロジェクトのプロパティで「SDL チェック」を「いいえ（/sdl-）」に設定したが，SDL チェックとは何であろうか．

　SDL は「ソフトウェア開発ライフサイクル（Software Development Lifecycle）」の略で，セキュリティ的に問題となる標準ライブラリ関数を使用しないようにする機能のことである．本書では，3.3 節で説明する scanf () を利用するときなどに問題となる．

　実際に，ビジネス用途で開発されるアプリケーションなどで scanf () を使用することはほとんどないと思うが，初学者用のテキストでは使用されることが多いので，本書ではプロジェクトの設定で SDL を使用しないこととしている．

1.6 CUIとGUI

　UNIX（Linux）や Windows のコマンドの画面で動作するプログラムを **CUI（CLI）アプリケーション**と呼ぶ．この場合，入力はキーボード，出力は画面の文字を使うのでコンソールアプリケーションとも呼ばれる．それに対して，Windows ではおもにアイコンやボタンのような絵をマウスで操作する．そこでこれらを **GUI アプリケーション**とかフォームアプリケーションと呼ぶ．

　本書で学習するのは CUI アプリケーションである．今や実用のプログラムがほとんど GUI アプリケーションになったのに CUI アプリケーションから学習するのには理由がある．1 つは GUI アプリケーションの作成には C 言語の範囲だけでは難しく，C++を使わなければならないこと．もう 1 つは，GUI アプリケーションのプログラムが複雑すぎて基本の学習には適さないことである．GUI アプリケーションでは，簡単な仕事をするだけでも非常に長いプログラムになる．しかも，その大半は自分のやりたいことの記述ではなく下準備的な作業である．

　そんなプログラムを全部書くのは大変なので，Visual Studio などでは下準備的な部分は自動的にプログラムを作ってくれるようになっている．そして自分のやりたい仕事の部分だけプログラムを書けばいい．だが，ちょっと複雑なことをしようと思うと自動作成されたプログラム部分の理解も必要になる．そのような状況では C 言語の文法に集中するのが難しい．GUI アプリケーションの学習は CUI アプリケーションが理解できてから行った方が効率的なのである．

Column

C言語の名前の由来

　C 言語という奇妙な名前の由来が「B 言語の次に開発されたから」というのはどこかで聞いたことがあるだろう．では A 言語とか D 言語というものはあるのだろうか．

　C 言語が生まれる少し前のイギリスで，科学計算用と商用計算用を合わせたようなものとして CPL（Combined Programming Language）という言語が作られた．これを簡略化したものとして BCPL（Basic CPL）が作られ，さらにそれを継承してアメリカのベル研究所が B 言語を作った．そして次が C 言語という流れだ．だから A 言語というものがあったわけではない．

　また，C 言語の後継として出てきたのは D 言語ではなく C++ だった．最近よく使われている Java も C 言語の直系である．しかし，D 言語というのも存在はする．21 世紀になってから登場したが，全く一般的ではなく今後定着するかどうかもわからない．

問 題

ドリル　　以下の問いに答えなさい．

1) C 言語が生まれた国はどこか．
2) C 言語が生まれた時代は次のどれか．　①1930 年頃　②1950 年頃　③1970 年頃
3) CPU が直接実行できるプログラムはどんな言語で書かれているか．
4) ソースプログラムを作るとき使うソフト（プログラム）を何というか．
5) ソースプログラムをオブジェクトプログラムに変換するプログラムは何か．
6) オブジェクトプログラムにライブラリなどを結合する作業を何というか．
7) デバッグとはどういう意味か．
8) C 言語の上位互換の言語でオブジェクト指向のプログラムを作るのに適した言語は何か．
9) キーボード入力と文字による表示を中心とするインターフェースを何というか．
10) マウスなどでの入力と文字，図，絵の表示のインターフェースを何というか．

C言語の基本

2.1 プログラムの書き方の基本

例題 2.1

```
1   /* example-2.1 */
2   #include <stdio.h>
3   int main(void) {
4       printf("Hello World¥n");
5       return 0;
6   }
```

```
Hello World
```

　これは昔からC言語の教科書の最初に出てくるプログラムである．このプログラムを実行すると画面に「Hello World」というメッセージが表示される．つまり文字を画面に出すということだけなのだけれど，これがプログラムの第1歩で最も重要なプログラムである．

　これから，このようにして例題としてプログラムを示して説明をしていく．例題のとおりにキー入力してプログラムを作れば，同じ実行結果が得られるはずである．ただし，エディタで入力するとき，左側の行番号の数字は入れないように注意していただきたい．この数字は説明の際にわかりやすくするため，便宜的に付けたものである．また，プログラムの下の枠の中は，このプログラムを実行したときに画面に現れる結果である．

■ プログラムの文字と単語

　プログラム全体を眺めてみると，使われている文字は大半がアルファベットで，それ以外に＃．〈　〉（　）｛　｝　″　￥　；などの特殊記号と呼ばれるものがある．アルファベットはほとんどが小文字で，大文字は少ない．このようにC言語のプログラムでは基本的にアルファベットの小文字を使い，その他にアルファベットの大文字やいくつかの特殊記号，数字で記述することになっている．そして，単語や記号の多くはそれぞれ意味を持っていて，使い方も決まってい

る．include, int, main, void, printf, return などは，このように綴りが決まっている単語である．綴りを間違えたらコンパイルのときにエラーになってしまう．しかし，中にはプログラマが自由に決めてもよい部分もある．「Hello World」は，プログラマが表示させたいと思っている文字列（文字の並び）である．だから，ここは他の文字列に変えてもかまわない．試しに，この部分を書き換えてもう一度コンパイル・実行してみるといいだろう．

　日本語の OS 上で使うコンパイラでは，これら以外に日本文字の仮名や漢字，すなわち全角文字を使ってもいいところもある．たとえば例題2.1 の 4 行目 printf の部分を

　　　　printf (″こんにちは世界¥n″);

とするようなことができる．ただし，日本語の文字は文字のデータとして使えるだけであって，プログラムの動作を表す部分には使えない．

Column

全角文字

　C言語はアメリカ生まれの言語なので，元々は全角文字（2バイト文字）を使えなかった．それでも現在の日本語対応のコンパイラでは，限定された部分で全角文字も使えるようになっている．プログラムの中で全角文字を使えるのは，″″ で囲まれた部分と，注釈（コメント）の中だけである．これはスペースといえども例外ではない．全角のスペースは見た目には半角のスペースと区別がつかないので，とくに注意が必要だ．コンパイルのときに

　　　　　　文字 ′0x81′ は認識できません。文字 ′0x40′ は認識できません。

というようなエラーメッセージが出たら，全角スペースが使われていると考えられる．これは初心者の最も犯しやすく，かつ原因に気がつきにくい間違いである．

■ 文字の書き方

　次に文字の並べ方を見てみよう．エディタでプログラムを作る場合，画面が原稿用紙のようなものである．英語の文章を書くときには，単語と単語の間にスペースをいくつ入れるとか，どういう所で改行するかなどの決まりがある．それと同じようにC言語のプログラムを書くときにも規則がある．しかし，それはとても簡単である．

　第 1 に注意することは，単語が並んだ場合には 1 個以上のスペースで区切ることである．たとえば「int main」を「intmain」のように継なげてはいけないということである（括弧や ; などの記号と単語はくっついていてもよい）．第 2 には，1 つの単語を切ってはいけない．たとえば「int」を「in t」と書いてはいけないという当たり前のことである．その他は，区切

りとしてのスペースはどこに使ってもよいし，また改行も1つの単語を分断しなければ自由に使ってよい．

ただし，例外が2つある．1つは#で始まっている行である．この行は，行を分けたり，2つ以上の行を1行にしてはいけない．もう1つは「/*」と「*/」で囲まれた部分である．これはすぐ次に詳しく説明する．

また，最初に述べたようにプログラムには行番号というものがないことにも注意してほしい．エディタによっては行の先頭に行番号が表示されるものもある．しかしこれはプログラムの編集に便利なように画面上に表示されているだけで，プログラムの内容とは何の関係もない．

■ 注釈

「/*」と「*/」は一種の括弧であり，これらではさまれた部分は**注釈**（コメント，メモ）とみなされる（例題2.1の1行目）．プログラムは，ちょっと見ただけでは何をするのかわかりにくいことがある．他人に見せる場合はもちろん，自分だけが見るプログラムであっても後で忘れないように説明を書いておくことを勧める．

注釈には全角文字を含め何を書いてもよい．コンパイラは翻訳のとき，この部分を無視するからである．そして注釈はプログラムのどの位置にあってもよく，1行の中にあっても，複数行にわたってもかまわない．

注釈の例

```
/* one line comment */

/*
2行以上にわたる
注釈を書いてもよい
*/

printf("Good Morning");      /* 行の途中からの注釈 */
```

■ プログラムの構成

プログラム全体の構成は，例題2.1のような簡単なプログラムでは次のようになる．

1）#で始まる行

2）main関数

1）はプリプロセッサ指示命令と呼ばれるものである．例題2.1の「#include <stdio.h>」は，「このプログラムは stdio.h というファイルも含めてコンパイルする必要がある」という意味である．プログラムが複雑になると，#の行がたくさん続いたり，他にも書かなければい

けないことも出てくるが，今のところは「#include <stdio.h>」が決まり文句であるとして覚えておけばよい．

　2）のmain関数というのは「int main(void)」という見出しが付いていて，その内容は続く「｛」　と最後の「｝」で挟まれた部分（ブロックという）に書いてある．一般に，C言語のプログラムは関数の集まりだといわれる．大きいプログラムでは，仕事の内容によってプログラムをいくつかの部分に分けて記述し，その個々の部分を**関数**と呼ぶ．関数というと数学の$f(x)$や$\sin\theta$のようなものを思い浮かべるかもしれないが，C言語の関数は必ずしも数値を扱うものではなく，「ひとまとまりの作業を行って，何らかの結果を与えるプログラムの単位」と解釈すればよい．例題2.1のように簡単な仕事の場合は関数はたった1つで，それがmain関数である．関数を複数使う場合でも，すべての関数を統括する役目として必ずmain関数がプログラム中に存在する．

　なお，始めの「int」と括弧内の「void」の意味については後で解説するので，これも当分はこのように書く決まり文句として覚えておけばよい．そしてmain関数の中では，行いたい仕事によって他の関数を呼び出す（引用する）．例題の「printf(…)」というのはあらかじめ用意されている関数の一種で，文字や数字を表示するという働きをするものである．最後の「return 0;」は，これで終りというような意味である．

Column

main 関数の書き方

　main 関数の書き方は，参考書によって異なるかもしれない．古い参考書では

```
main(){
    ⋮
}
```

と書いてある場合が多いが，これだとコンパイラの警告が出る．もっとも問題がない書き方は

```
int main(void) {
    ⋮
    return 0;
}
```

である．return は関数の実行が終って，呼び出した元（OS）へ戻ることを表している．0 というのは正常終了を表す番号で，何か問題があった場合は他の数を使うこともある．ただし，実際はこの値は使われていないので，return なしで

```
void main(void) {
    ⋮
}
```

と書くこともできる．

■ 文

　関数の中には，実行したい仕事の手順や約束事を**文**として記述する．文というのは日本語や英語でいう文と似ている．例題2.1では

```
printf ("Hello World\n");
return 0;
```

という2つの文があるだけである．printfの行は「Hello World」という文字列を画面に表示する作業を行う文である．またreturnは，ここでmain関数が終るという文で，0はプログラムが正しく終了したことを表す数である．

　なお，文の最後はどんな場合も必ずセミコロン(;)である．これは，日本語の「。」や英語の「．」と同じである．初心者に最も多いエラーはセミコロンの書き忘れだろう．もしセミコロンを書き忘れると，前後の2つの文がつながっていると解釈されてしまう．当然コンパイラはエラーメッセージを出すが，そのときのエラーメッセージは必ずしも「セミコロンがない」というものとは限らないので注意しよう．

■ インデント

　例題2.1のmain関数の中身の部分（4, 5行目）は行の先頭が少し右にずれている．このように行の書きはじめを右にずらすことをインデント（字下げ）という．インデントされた部分は視覚的に他の部分と明確に区別されるので，プログラムの構造を見やすくするためにはとても大切なことである．

　実はインデントはC言語の文法で強制されているものではない．そのため，インデントがなかったりインデントの仕方がおかしくてもエラーにはならない．しかし，実用上インデントのないプログラムなど考えられない．インデントなしのプログラムは非常に見にくく，混乱のもとにもなるのだ．最初からインデントを使う習慣をつけておこう．

　複雑なプログラムでは，インデントされた部分の中でさらにインデントすることもある．一般にインデント1回でずらす幅は，半角スペース4文字分か8文字分にすることが多い．例題では4文字分としている．エディタでは，キーボードのTabキーで8文字分（設定によって変わる）進めることもできる．どちらにしてもいいが，インデントの幅は統一しておかなければいけない．インデントがいかに重要であるかは学習が進むにつれて理解できることと思う．

2.2 文字列の表示

```
1   /* example-2.2 */
2   #include <stdio.h>
3   int main(void) {
4       printf ("I love programming.¥n");
5       printf ("私はプログラムが好きです.¥n");
6       return 0;
7   }
```

```
I love programming.
私はプログラムが好きです.
```

　このプログラムは「I love programming.」と「私はプログラムが好きです.」という文字列を画面に表示するプログラムである.例題 2.1 と比べると printf (…) が 1 つ増えているだけである.

■ printf

　文字列を表示するためには printf という関数を次のように使う.

```
printf ("文字列");
```

こうすると「"」で囲まれた部分の文字がそのまま画面に表示される.この部分には日本語の文字を書いてもよい.とにかく書いた通りに表示される.

　ただし,例外がある.例題 2.2 の 4 行目や 5 行目の printf の "" の中の最後には「¥n」が付いているのに,実行結果を見るとそのような文字は表示されていない.この「¥n」というのは改行を表す記号なのである.つまり 4 行目の文の意味は,「I love programming.」と表示した後で改行するということになる.ためしにこれらの「¥n」を省略して

```
4:   printf ("I love programming.");
5:   printf ("私はプログラムが好きです.");
```

とすると,実行結果は

```
I love programming.私はプログラムが好きです.
```

のようになってしまう．printf において「¥」という文字は特別な意味を持っている．「¥n」のように，書いた文字がそのまま表示されないで特殊な働きをするものは他にもいくつかあるが，ここでは，まず「¥n」だけ覚えておこう．

printf の例

printf("Happy Birthday¥nto You¥n");	（¥n が途中にあってもよい）
printf("日本語 English¥n");	（日本文字も英数字も使える）
printf("¥n");	（改行するだけ）

■ エスケープ文字

printf の "" で囲まれた部分では，基本的に書いたとおりの文字が表示される．しかし¥nのように¥を付けた文字は例外である．¥n 以外にも下の表のようなものがあって，これらはエスケープ文字と呼ばれる．

このように「¥」はエスケープ文字を表すために使われているので，「¥」という文字そのものを表示したい場合は「¥¥」とする．同じように「"」を表示するには「¥"」とする．

なお，キー入力で日本語が使えない環境では「¥」のかわりに「\」（バックスラッシュ）が使われる．

文字	意 味
¥n	改行
¥r	復帰，改行しないで行頭に戻る
¥b	1文字左へ，BS キーと同じ働き
¥a	ピーという音を出す
¥¥	文字「¥」を表示
¥"	文字「"」を表示

Column

文字の名前

当たり前であるので見過ごされがちなのが文字の名前である．プログラムに出てくる記号の呼び名がわかるだろうか．たとえば

#	シャープ （ナンバー，ハッシュ）
/	スラッシュ （斜線）
*	アスタリスク
"	ダブルクォーテーション （2重引用符）
¥	円

授業でプログラムの説明を聞いたり，自分のプログラムを説明するには文字の名前を正しく知っておきたい．この本の巻末の付録 4 にはプログラムで必要なすべての記号が出ている．

問 題

ドリル 以下の問いに答えなさい.

1) C 言語ではアルファベットの大文字と小文字を区別するか.

2) 文の区切りとして使われる文字は何か.

3) #include を # i n c l u d e とスペースを入れて書いてもよいか.

4) 1 行に文を 2 つ以上書いてもよいか.

5) インデントとは何か.

6) /* と */ で囲まれた部分は何か.

7) 右の 4 つの記号の名前は何か.　　　　*　　/　　"　　;

8) printf("A¥nB"); では, どのように表示されるか.

9) printf の""の中に漢字を入れてもよいか.

10) プログラムの途中に注釈のための行を入れてよいか.

問題 2-1 以下のプログラムの実行結果(画面への出力)を予測しなさい.

`#include <stdio.h>`
`int main(void) {`
`    printf("Computer");`
`    printf("Program");`
`    return 0;`
`}`
	`#include <stdio.h>`
	`int main(void) {`
	`/*`
	`    printf("なんとか¥n");`
	`*/`
	`    printf("かんとか¥n");`
	`    return 0;`
	`}`
		`#include <stdio.h>`
		`int main(void) {`
		`    printf("Hare¥n");`
		`    printf("¥n");`
		`    printf("Tortois¥n");`
		`    return 0;`
		`}`

問題 2-2 次のプログラムを実行すると右枠内のように表示された. 空白部分を補ってプログラムを完成させなさい.

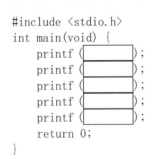

問題 2-3 次の文字列を画面に表示するプログラムを作りなさい.

(¥) は円記号, (") はダブルクォーテーションです.

変数の利用と入出力

3.1　数値定数, 変数

例題 3.1

```
1    /*  example-3.1  */
2    #include <stdio.h>
3    int main(void) {
4        int a,b,kotae;
5        a=31;
6        b=14;
7        kotae=a+b;
8        printf ("%d¥n",kotae);
9        return 0;
10   }
```

```
45
```

　ここでは簡単な数値の計算を行うプログラムを扱う. 上のプログラムは 2 つの数の足し算を計算して答えを表示するプログラムである. 数値を記憶する「変数」の使い方や, それを使って計算をさせる方法を見ていこう.

■ 数値定数

　「1」とか「2」あるいは「3456」のような普通に書いた数のことを**数値定数**という. 定まった数という意味だ. 数値定数は特別な書き方をしなくても普通に使っているような 10 進数の数字を書けばよい. 上の例題の「31」とか「14」は読んだ通りの数値を表している. もしマイナスの数を使いたいなら「-23」のようにマイナス記号を付けるというのも普通の書き方と変わらない.

　小数点が必要なら, それも普通の小数と同じ書き方でよい. ただし, C 言語では小数点が付いている数と付いていない数を区別する. すなわち「14」と書いた場合と「14.0」と書いた場

合では違った計算結果が出る場合もある．このことは後で述べるデータの型に関係するので頭の隅に入れておいてほしい．

■ 変数

計算を行うとき，数値を一時的に記憶したいことがある．電卓のメモリーは，そこに数値を入れておいて，後でまたそれを取り出すことができる．**変数**というのもそれと同じようなものである．違うのは，電卓のメモリーはたいてい1つしかないけれど，C言語のプログラムでは，いくつでも使えるということである．その代わりに，個々の変数を区別するために名前を付けなければならない．名前の付け方は簡単で，以下の注意さえ守ればどんな名前を付けてもよい．

1）英字か数字か「_」（アンダーバー）を使う．
2）1文字目に数字は使えない．
3）文字数は何文字でもよい．ただし，31文字までが識別に有効．
4）英字の大文字と小文字は区別される．
5）C言語での特別な意味を持つ予約語（下表参照）は避ける．

例題3.1では「a」「b」「kotae」と名付けた3つの変数を使っている．

C言語の予約語
auto break char const continue default do double else enum extern float for goto if int long register return short signed sizeof static struct switch typedef union unsigned void volatile while

変数名の例

x	ratio	mon345	DX7	a5b3	sum_of_data	automobile

変数名として使えない例

you&me	（&は使えない文字）
3ex	（先頭に数字はダメ）
auto	（予約語はダメ）

変数はよく箱にたとえられる．つまり変数は値の入れ物であると考えればいい．同じ箱に何度でも入れなおすことができる．ただし，この箱には1つの値しか入れられない．あとから何かを入れると先に入っていたものは捨てられてしまう．

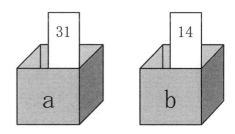

■ データ型と型宣言

　C 言語で変数を使うには，必ず**宣言**をしなければならない．いきなり使うことはできない．宣言というのは，これから使う変数の型と名前を事前に書いておくことである．書く場所は main 関数の最初と決まっている．例題 3.1 では 4 行目の

　　　　　int a,b,kotae;

がその宣言である．

　はじめに書いてある「int」は，以下の変数が整数型（integer）であることを表している．整数型変数というのは，整数だけを記憶できる変数のことである．つまり小数点以下がない数だけを扱う変数である．また，記憶できる整数値の範囲は通常-2147483648～+2147483647（32 ビット整数）である．

　小数点が必要な場合は double という型を使うが，それについてはあとの節で説明する．C 言語ではこのように変数には型があって，記憶できる数の種類や範囲が違うのである．他に char, long, float などいろいろな型が出てくるが，どれも必ず宣言することが必要である．

　また，変数はたとえば下のようにして，宣言と同時に値を与えることもできる．これを**変数の初期化**という．

　　　　　int　k=10;

宣言の例

int x,y,z;	（3 個の変数を同時に宣言）
double cat,dog;	（cat と dog は double 型変数）
int number=0;	（number の宣言と初期値 0 を与える）

Column

int のビット数

　変数は数値の入れ物だが，その実体はメモリーの一部である．変数を宣言するということはメモリーのどこかに記憶場所を確保することなのである．そして，いろいろな型があるのは，どのように記憶させるかが数値の種類（整数，小数などの区別）によって異なるからである．また，1 つの変数に割り当てるメモリーの量も型によって違う．

　int 型の変数の記憶に何ビット使うかはコンパイラによって異なる．現在は 32 ビットが標準で記憶できる数値は-2147483648～+2147483647 だが，絶対にそうだと決まっているわけではない．古い OS では 16 ビットであることもある．その場合，使える数の範囲が-32768～+32767 と非常に狭いので注意が必要である．

■ 代入

変数に値を記憶させるには

        a=31;

のようにする．これを**代入**という．代入を表す記号は「=」であるが，数学の等号のように等しいことを表すのではない．したがって「31=a」と書くことはできない．代入される変数が必ず左辺になければならない．また，

        kotae=a+b;

のように右辺を算術式にすることもできる．この意味は，変数aに記憶されている数値と変数bに記憶されている数値を加えた結果を，変数kotaeに代入するということである．

代入の例

x=5078;
y=a;
z=a+b-2;

（右辺は計算式でもよい）

■ 数値の表示

変数に記憶された数値（変数の中身）を表示するときも，次のようにprintfを使う．

        printf ("%d¥n", kotae);

例題2.1や例題2.2で出てきたprintfと違うのは，""で囲まれた文字列の後ろにコンマをはさんで変数の名前が書いてあることである．これは，この変数に記憶されている値を表示することを表している．また，それに対応して，""の中に「%d」というのが出てくる．これも「¥n」と同じように，このままの文字が表示されるのではない．これは，後に書いてある変数（kotae）の値を10進整数（decimal）で表示することを表している．

変数の値を表示する方法を一般的に書けば

        printf ("変換指定子など",変数名);

となる．変換指定子は「%d」以外に小数点付きで表示させる「%f」や，文字を表示させる「%c」などがある．これらについては順次学習していく．

■ プログラムの実行順序

プログラムはとくに指定がないかぎり**上から下へ順に実行される**．これは当り前のことと思うかもしれないが非常に重要なことである．

たとえば，数学の問題として

　　　kotae=a+b，　a=31，　b=14　のとき　kotae はいくつか？

という問題があれば，だれでも kotae は 45 だと答えるだろう．しかしプログラムで

```
kotae=a+b;
a=31;
b=14;
printf("%d¥n",kotae);
```

としたら答は得られない．なぜなら，「kotae=a+b」を実行する時点で，まだ a と b の値が決まっていないからである．実際にこのようなプログラムをコンパイルすると「未定義の変数が参照されている」という警告が出る．警告を無視して実行すると，予想外の値が表示されるだろう．

例題 3.2

```
1   /*  example-3.2  */
2   #include <stdio.h>
3   int main(void) {
4       int a,b,kotae;
5       a=31;
6       b=14;
7       kotae=a+b;
8       printf ("%dと%dを足すと%dです.¥n",a,b,kotae);
9       return 0;
10  }
```

```
31と14を足すと45です.
```

　このプログラムは例題 3.1 をちょっとだけ変えて，「31 と 14 を足すと 45 です」と，3 つの変数の値を表示するようにしてみた．

　この printf では，変数 a，b，kotae の 3 つの値を表示させる．実際に表示されるときは""の中の %d のところが具体的な数字に置き換わるわけである．つまり，変数の個数だけ %d が必要である．そして「と」，「を足すと」，「です．」などはそのまま表示される．

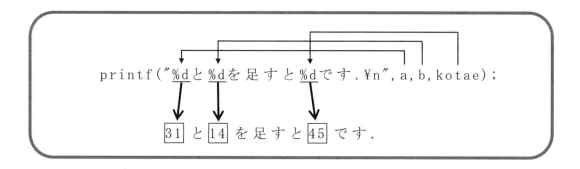

例題 3.3

```
1    /*  example-3.3  */
2    #include <stdio.h>
3    int main(void) {
4        double a,b,wa,sa,seki,sho;
5        a=31.41;
6        b=27.18;
7        wa=a+b;
8        sa=a-b;
9        seki=a*b;
10       sho=a/b;
11       printf ("%f %f %f %f¥n",wa,sa,seki,sho);
12       return 0;
13   }
```

```
58.590000 4.230000 853.723800 1.155629
```

　例題 3.3 は 2 数の和，差，積，商を計算するプログラムである．ただし，今度は整数ではなく実数（小数点付きの数）を扱っている．整数と何が違うか見てみよう．

■ double型変数

　実数を記憶するには double 型の変数を使う．double 型の変数として宣言するには，int 型のときと同じように

　　　　double 変数名，変数名，… ;

と書けばよい．また，代入や四則計算のための演算子なども int 型のときと同じである．しか

し，printf で double 型の変数の値を表示する変換指定子には「%d」ではなく「%f」を使うところは異なっている．

例題 3.3 の 11 行目の printf に注目してみよう．ここで double 型の変数 wa, sa, seki, sho の値を表示させている．なお，「%f」と「%f」の間にスペースを入れてあるのは，表示される数値をスペースで区切るためである．スペースも一般の文字と同じように，そのまま画面に表示されることに注意しよう．なお，実行結果で小数点以下の余分な 0 が気になるかもしれないが，それは次節で解決される．

■ 算術演算子

定数や変数を計算する式は算術式という．算術式において，加減乗除を表す記号は「+」「-」「*」「/」を使う．これらは**算術演算子**と呼ばれる．数学記号と違って「×」の代わりに「*」，「÷」の代わりに「/」と書く．例題には出てこないが，算術演算子を複数使って長い式を書くこともできる．その場合，数学の式と同じように乗除算が加減算に優先する．優先順を変えたいときには括弧で囲むことも数学と同じである．ただし括弧は何重になっても { } や [ ] は使わないで，( ) だけを使う．

演算子	意 味	使用例
+	加 算	a+b
-	減 算	a-b
	符号反転	-a
*	乗 算	a*b
/	除 算	a/b
%	整数除算の余り	a%b

これらの算術演算子は 2 項の間に入れて計算方法を示すものであるが，「-」だけは 1 項の前に付けて符号を反転する．

算術式の例

a*(b-c)
((a+b)*c+3)/d

(数学表記の a×(b-c))

(〃 {(a+b)×c+3}÷d)

Column

double

double とは，倍精度 (double precision floating point) という意味である．倍精度があるからには当然単精度もある．単精度は float 型という．両者の違いは記憶する数値の有効数字で，通常 float は約 7 桁，double は約 15 桁である．FORTRAN など他の言語では，単精度が標準で倍精度は必要なときにだけ使う．しかし，C 言語では逆に倍精度

の方が標準的に使われる．それは，初期の C 言語のコンパイラが倍精度を中心に設計されていたという歴史的な事情による．本書も慣例にしたがって倍精度を標準的に使用する．

指数形式

工学系では，非常に大きい数や非常に小さい数は**指数形式**を使うことが多い．C 言語でもその形式はある．たとえば

1230000.0 は 1.23e6, 0.0000456 は 4.56e-5

と書ける．また printf において指数形式で出力したい場合は，変換指定子に「%e」を使う．

例題 3.4

```
1   /* example-3.4 */
2   #include <stdio.h>
3   int main(void) {
4       int a,b,wa,sa,seki,sho,amari;
5       a=120;
6       b=27;
7       wa=a+b;
8       sa=a-b;
9       seki=a*b;
10      sho=a/b;
11      amari=a%b;
12      printf ("%d %d %d %d %d¥n",wa,sa,seki,sho,amari);
13      return 0;
14  }
```

```
147 93 3240 4 12
```

例題 3.4 は，例題 3.3 とほぼ同じことを int 型の変数を使って計算するプログラムである．違っているのは，割り算の余りも計算していることである．

■ 整数の割り算と余り

int 型の計算でも四則演算に「+」「-」「*」「/」を使うことは double 型と変わりない．ただ注意してほしいのは，int 型どうしの割り算は結果も int 型になるということである．割り切れない場合は小数点以下が切り捨てられて整数になる．これは変数どうしの割り算だけでなく定数でも起こるので注意しよう．たとえば 7/2 は 3 となる．小数点の付いていない数は整数とみなされるのだ．その代わりに，int 型の演算子には「%」があって，「a%b」とすると a を b で割った余りを求めることができる（例題 3.4 の 11 行目参照）．この「%」は printf で使われる %d や %f の「%」とたまたま同じ文字であるが，意味としては何の関係もない．

3.2 数値の表示桁数

例題 3.5

```
1   /*  example-3.5  */
2   #include <stdio.h>
3   int main(void) {
4       int a,b,wa,sa;
5       a=125;
6       b=122;
7       wa=a+b;
8       sa=a-b;
9       printf ("%4d¥n",wa);
10      printf ("%4d¥n",sa);
11      return 0;
12  }
```

```
247
  3
```

例題 3.5 は，2 つの整数の和と差を計算している．ただし，変数の wa と sa の値を表示するとき，表示幅を揃えるようにしてある．実行結果の表示位置の右端がそろっていることと，9，10 行目の printf に注目してほしい．

例題 3.6

```
1    /*  example-3.6  */
2    #include <stdio.h>
3    int main(void) {
4        double a,b,seki,sho;
5        a=25.6878;
6        b=12.397;
7        seki=a*b;
8        sho=a/b;
9        printf ("%10.4f\n",seki);
10       printf ("%10.4f\n",sho);
11       return 0;
12   }
```

```
318.4517
  2.0721
```

例題 3.6 は 2 つの実数の積と商を計算して，表示幅を揃えて 1 行ずつに表示するプログラムである．右ぞろいで，しかも小数点の位置も揃っている．そうなっているのは，やはり 9, 10 行目の printf で桁数を指定しているためである．

■ 表示桁の指定

これまで，printf で int 型を表示するには「%d」，double 型では「%f」を使ってきた．これらの場合，表示される桁数はちょうどその数値に必要な桁数である．だから，表示する数の大きさによって桁数が変わってしまう．また，小数点以下の桁数も思い通りにはならない．そこで，printf では表示する桁数を次のように指定することができる．

1）int 型

int 型の数値を，たとえば 3 桁で揃えて表示したい場合は

%d のかわりに %3d

のようにする．こうすると，表示幅が 3 桁分とられ，右詰めに数値が表示される．つまり数値が 3 桁未満のときは左側にスペースが入れられる．ただし，数値が 3 桁を超える場合は，この桁指定は無視されて表示に必要な幅で表示される．

整数の桁指定の例

printf ("%5d",n); で

n=123 のとき   → | | | 1 | 2 | 3 |

2）double 型

double 型の値を桁数指定して表示するには

     %f のかわりに %10.4f

のように書く．これは全体で 10 桁分の幅を確保して，小数点以下が 4 桁になるように表示するという意味である．一般的に %a.bf では a が全桁数，b が小数点以下の桁数だから，a は b より少なくとも 2 大きい（1 の位と小数点は必ずあるから）．また一番下の桁は四捨五入された結果であることにも注意してほしい．

実数の桁指定の例   四捨五入

    printf ("%6.3f", x);で   ↓

    x=3.1416 のとき　　→

	3	.	1	4	2

なお，小数点以下の桁数だけ指定するには

    %.4f

という書き方ができる．また指数形式の %e についても，%9.2e というように桁の指定ができる．

3.3　キーボードからの数値入力

例題 3.7

```
1  /* example-3.7 */
2  #include <stdio.h>
3  int main(void) {
4      int a,b;
5      scanf("%d",&a);
6      b=a*a;
7      printf("%d¥n",b);
8      return 0;
9  }
```

<u>13</u>　　　　　　　　　　　　　　（注 アンダーラインはキーボードからの入力）
169

これは，キーボードから入力した数値の2乗を計算して表示するプログラムである．このプログラムを実行すると，画面には何も現れず，止まってしまったかのようになる．それは人間がキーボードから何か数値を打ち込むのを待っている状態なのだ．そこで何かの数（何でもよい）をキーボードで打ち，最後に Enter キーを押す．そうすると次の行に，入力した値の2乗が即座に表示される．実行結果は，入力後，すべてが表示された状態を示している．途中で人間がキーボードから打ち込んだ部分はアンダーラインを付けてある．このプログラムは何度か実行して，そのつど違う値を入力して結果を確認してみよう．

これまでの例題 3.1〜3.6 では変数に数値を与えるのに代入を使った．つまり，プログラムの中にその数値を書き込んだ．使う値が前もってわかっている場合，あるいは1回計算するだけで目的を達するのならこれでよい．しかし，計算方法は同じだけれど，違う値を使って何度も計算したいということもあるだろう．そんなときは，プログラムをいちいち書き換えるのではなく，実行する段階でキーボードから値を与え，それを使って計算する方法を使えばよい．そのようにキーボードから打ち込む数値を変数に入れる働きをするのが，例題 3.7 の5行目に出てくる scanf という関数である．

■ scanf

scanf が実行されると，プログラムの実行はそこでキーボードからの入力待ち状態になり，数値を打ち込むと，その値が指定の変数に代入される．scanf の scan とは「走査する」という意味である．普通はテレビの走査線や画像のスキャナで使われる言葉だが，ここではキーボードを走査する，つまり何がキー入力されたかを調べるというような意味である．

scanf は次のように使う．

scanf("変換指定子",&変数名);

（）の中に書くものは printf と似ている．変換指定子は「%d」や「%lf」である．すなわち，読み込む値が int 型か double 型かなどの区別を書くわけである．ここで，double 型の場合「%f」でなく，「%lf」になっていることに注意しなければならない（例題 3.9 参照）．そして "" の後には「,」を置いて変数名の前に「&」を付けたものを書く（ & を付けることは忘れやすいので注意！）．scanf は printf と違って文字を表示させる機能はない．したがって，""の中に文字列や「¥n」のようなものは書いてはいけない．

scanf の例

| scanf("%d",&num); |
| scanf("%lf",&x); |

 ☑ ＆ を忘れるな！

例題 3.8

```
1   /*  example-3.8  */
2   #include <stdio.h>
3   int main(void) {
4       int a,b;
5       printf ("整数を入れてください ");
6       scanf ("%d", &a);
7       b=a*a;
8       printf ("2 乗は %d¥n",b);
9       return 0;
10  }
```

整数を入れてください <u>24</u>　　　　　（注　アンダーラインはキーボードからの入力）
2 乗は 576

整数を入れてください <u>2.7</u>
2 乗は 4

整数を入れてください <u>A</u>
2 乗は −210701248

　これは，例題 3.7 を少しだけ改良したプログラムである．例題 3.7 は実行のときキー入力待ちになっても何も表示されない．これではプログラムの内容を知らない人にとっては何をすればいいのかわからない．改良版では実行すると画面に「整数を入れてください」と表示され，人間がここで数値を入力することがわかるようにしている．また printf にも「2 乗は」という言葉を付け加えて，表示される数値の意味をわかりやすくしている．

■ 入力促進メッセージ

　scanf を実行しただけでは画面上に何の変化もないので，キーボードの入力待ち状態であるのに気づかないことがある．また，気づいてもどのような数値を入力すべきなのかわからないこともある．そのため，scanf の直前で「〜を入力してください」という意味のメッセージを表示させる．これを**入力促進メッセージ**，あるいはプロンプトという．これは，もちろん printf を使えばよい．例題 3.8 では 5 行目の printf がそれである．ここで ¥n がないのは，メッセージと同じ行で数値入力をさせるためである．

　このようにコンピュータ側のメッセージに対して人間が何かを入力し，それを使って計算した結果を表示する，というような方法を

✓　使う人のことを考える

会話的処理という．コンピュータと人間が話をしながら作業を進めるというイメージだ．

■ 誤った入力

　例題 3.8 の実行結果の 2 つ目と 3 つ目を見ていただきたい．このプログラムでは整数を入れるように想定されているのに，小数を入れたり，文字を入れたりした場合の結果が表示してある．このように計算結果はおかしいことになってしまう．scanf 自体に入力値の型を調べる機能はない．

例題 3.9

```
1   /* example-3.9 */
2   #include <stdio.h>
3   int main(void) {
4       double x,y;
5       printf ("実数を入れてください ");
6       scanf ("%lf",&x);
7       y=x*x;
8       printf ("2 乗は %f¥n",y);
9       return 0;
10  }
```

```
実数を入れてください 2.5
2 乗は 6.250000
```

　これは，例題 3.8 と同じことを実数で計算するプログラムである．変数が double 型になることと，scanf の変換指定子が %lf になることに注意．この %lf の l はエルである．数字の 1（イチ）と間違えないようにしよう．

Column

printf の %lf ？

　scanf で double 型変数を読むときの変換指定子は %lf である．そのため printf でも double 型に対しては %lf だと勘違いする人

	int 型	double 型
printf	%d	%f
scanf	%d	%lf

が多い．printf で double 型を出力する場合の変換指定子は %f である．scanf では変

数の記憶場所の容量を把握する必要があるので，float 型（浮動小数点）なら %f，double 型では long float 型（長い浮動小数点）の意味で %lf と使い分ける．しかし，printf では仕様としてどちらも %f ということに決められたのである．ただし，間違える人があまりに多いせいか，最近の規格では printf で double 型に対して %lf と書くことも認められるようになった．

　ところで，%lf の「l」を数字のイチと間違える人が多い．小数の桁指定が全部で 1 桁ということはありえないし，「lf」が long float の略であることを知っていれば迷うことはないだろう．

例題 3.10

```
1    /*  example-3.10  */
2    #include <stdio.h>
3    int main(void) {
4        double zen,kaku;
5        int nin;
6        printf ("全部で何 kg ありますか　");
7        scanf ("%lf",&zen);
8        printf ("何人で分けますか　");
9        scanf ("%d",&nin);
10       kaku=zen/nin;
11       printf ("1 人あたり%fkg です\n",kaku);
12       return 0;
13   }
```

全部で何 kg ありますか　<u>45.38</u>
何人で分けますか　<u>7</u>
1 人あたり 6.482857kg です

　これはある重さのものを何人かで分けると，1 人あたり何kgになるかを計算するプログラムである．重さと人数は別々にキー入力するようになっている．計算は単なる割り算であるが，注意することは，計算式でint型の変数(nin)と，double型の変数(zen)が混ぜて使われていることである．異なる型の変数を計算した結果がどの型になるかは，次のような規則に従っている．

■ 型の異なる数値の計算

　変数や定数を「+」,「-」,「*」,「/」で計算するとき,基本的には同じ型のものに対して行って,結果も同じ型になる.しかし,int 型と double 型で演算を行っても問題はない.その場合,結果は double 型になる.たとえば

　　　　int 型 + double 型　　→　　double 型
　　　　double 型 / int 型　　→　　double 型

というような具合である.これは変数だけでなく,定数についてもあてはまる.たとえば

　　　　7/4　　→　　1
　　　　7/4.0　→　　1.75

つまり,定数では小数点があるかないかで型が違ってくる.

　int 型,double 型以外の型でも演算はたいてい可能であるが,結果がどうなるかは知っておく必要がある.

■ 型の異なる数値の代入

　int 型の変数に double 型の値を代入したり,逆に double 型の変数に int 型の値を代入してもエラーとはならない.しかし,どのように代入されるか理解しておかないと自分の予想と異なった動きをすることになってしまう.

　int 型変数に double 型(小数)を代入すると,小数点以下が無視される.これは正の数でも負の数でも同じである.double 型変数に int 型の値を入れる場合,値に変化はない.

int 型=double 型 の代入の例　　(i は int 型変数)

i=4.2;	(4 が代入される)
i=3.8;	(3 が代入される)
i=-2.6;	(-2 が代入される)

double 型=int 型 の代入の例　　(d は double 型変数)

d=4;	(4.0 が代入される)
d=-5;	(-5.0 が代入される)

3.4 16進数の扱い

例題 3.11

```
1   /*  example-3.11  */
2   #include <stdio.h>
3   int main(void) {
4       int a;
5       a=1000;
6       printf("10 進数の %d は 16 進数で表すと %X¥n",a,a);
7       a=0xABCD;
8       printf("16 進数の %X は 10 進数で表すと %d¥n",a,a);
9       a=-3;
10      printf("10 進数の %d は 16 進数で表すと %X¥n",a,a);
11      return 0;
12  }
```

```
10 進数の 1000 は 16 進数で表すと 3E8
16 進数の ABCD は 10 進数で表すと 43981
10 進数の -3 は 16 進数で表すと FFFFFFFD
```

　情報の分野では 16 進数を扱うことが非常に多い．ここでは数値を 16 進数で与えたり，表示したりする方法を学ぶ．例題 3.11 は，int 型の整数を 10 進数と 16 進数で表示するプログラムである．16 進数で表すには，数値の計算などは必要なく，printf の書式指定子を変えるだけでよい．

■ %X と %x

　int 型の変数の値を普通に 10 進数表示するには，printf で書式指定子に%d を使ってきた．この書式指定子を%X にすると，16進数として表示される．このときは表示が 16 進数になるだけで，変数の値が変わるわけではない．%X としたとき 16 進数の A〜F は大文字で表示され，%x ならば小文字 a〜f で表示される．また桁数の指定方法は%d の場合と同じで，%6X のように%とX の間に桁数を書く．

printf の 16 進数表示の例

printf("%X¥n",t);
printf("%4X¥n",u);
printf("%x¥n",v);

（桁数を 4 桁で指定）
（16進数のアルファベットを小文字で）

■ 16 進数の定数

16 進数を数値として書くときは，0x（ゼロエックス）を頭に付ければよい．このエックスは大文字でも構わない．また 16 進数のアルファベットも，大文字小文字の区別はされない．

16 進数の定数の例

0xA3
0X4C1E
0xaabbcc

■ 負の数の 16 進表示

int 型の変数は，とくに指定がなければ正負の両方を表現するものとして扱う（符号付き整数と呼ぶ）．printf で表示桁数を指定しない場合，値の大きさに応じた桁数だけ使われ，上位の 0 は表示されない．そのため値の小さい正の数は表示桁数が少なくなる．ところが負の数は 2 の補数で表現されており，2 進数では最上位ビットが必ず 1 となっている．このため桁数を指定せずに表示した場合，int 型の記憶ビット数分のすべてが表示される．正の数と負の数で表示桁数が違うのはこのためである．例題 3.11 は，int 型が 4 バイトで記憶される場合である．したがって 10 進数の -3 は FFFFFFFD（16 進数の 8 桁）で表示される．

Column

2の補数

整数が 32 ビットの処理系では，2 進数で 00000000000000000000000000000000 から 01111111111111111111111111111111 までが正の数，10000000000000000000000000000000 から 11111111111111111111111111111111 までが負の数に対応する．10 進数と 16 進数との対応は下の表のようになっている．

10 進数	2 進数	16 進数
2147483647	01111111111111111111111111111111	7FFFFFFF
2147483646	01111111111111111111111111111110	7FFFFFFE
.	.	.
.	.	.
.	.	.
3	00000000000000000000000000000011	3
2	00000000000000000000000000000010	2
1	00000000000000000000000000000001	1
0	00000000000000000000000000000000	0
−1	11111111111111111111111111111111	FFFFFFFF
−2	11111111111111111111111111111110	FFFFFFFE
−3	11111111111111111111111111111101	FFFFFFFD
.	.	.
.	.	.
.	.	.
−2147483647	10000000000000000000000000000001	80000001
−2147483648	10000000000000000000000000000000	80000000

正の数では 2 進数の最上位が 0 となる．そのため上位の 0 を省略して表示すると，表示桁数が値に応じて少なくなる．しかし負の数では 2 進数の最上位が 1 であるため，すべての桁が表示され，桁数は一定である．

問　題

ドリル　　以下の問いに答えなさい.

1) 英語の integer とはどういう意味か.

2) int 型の変数に 1234567 を記憶させられるか.（int 型 32 ビットの場合，以下同様）

3) int 型の変数に 1.234 を記憶させられるか.

4) int 型の変数に 90000000000（900 億）を記憶させられるか.

5) 英語の double（double precision）とはどういう意味か.

6) double 型の変数に 0.012345 を記憶させられるか.

7) double 型の変数に 90000000000（900 億）を記憶させられるか.

8) aaaa は変数の名前として使えるか.

9) n_of_map は変数の名前として使えるか.

10) my@doc は変数の名前として使えるか.

11) 5W1H は変数の名前として使えるか.

12) 変数の名前の文字数の制限は何文字か.

13) int 型の変数 num を宣言するにはどう書くか.

14) double 型の変数 sum を宣言し，同時に値を 0.0 にせよ.

15) 変数 a は int 型で, a の値を 3 とする. このとき, a*2 はいくつになるか.

16) 変数 b は int 型で, b の値を 8 とする. このとき, b/2 はいくつになるか.

17) 変数 a, b は int 型で, a の値は 14, b の値は 3 とする. このとき, a/b はいくつか.

18) 変数 a, b は int 型で, a の値は14, b の値は3とする. このとき, a%b はいくつか.

19) 変数 a は int 型で, a=6.78 とすると a には何が代入されるか.

20) 変数 a は int 型で, a=0XA3 とすると a の値はいくつか. 10 進数で答えよ.

問題 3-1　次のプログラムが正しく動くように□を埋めなさい. 桁数の指定はない.

```
#include <stdio.h>
int main(void) {
    int a,b,c;
    double kore,sore,kotae;
    printf("kore と sore を入力してください？ ");
    scanf("%□%□",&kore,&sore);
    printf("kore は%□, sore は%□\n",kore,sore);
    kotae=kore+sore;
    printf("kore+sore=%□\n",kotae);
    printf("a と b を入力してください？ ");
    scanf("%□%□",&a,&b);
    printf("a は%□, b は%□\n",a,b);
    c=a+b;
    printf("a+b=%□\n",c);
    return 0;
}
```

問題 3-2 次のプログラムの実行結果を予測しなさい.

| ```c
#include <stdio.h>
int main(void) {
    int a,b,c;
    a=25;
    b=4;
    c=(a-10)*b;
    printf("%d¥n",c);
    return 0;
}
``` | ```c
#include <stdio.h>
int main(void) {
    int cat=16, dog=9, t, x;
    t=cat;
    cat=dog;
    dog=t;
    x=cat-dog;
    printf("%d¥n", x);
    return 0;
}
``` | ```c
#include <stdio.h>
int main(void) {
    double a,b,h,s;
    a=4.5;
    b=3.1;
    h=4.0;
    s=(a+b)*h/2;
    printf("%6.2f¥n",s);
    return 0;
}
``` |

問題 3-3 次のプログラムは,三角形の面積を計算するものである.空白部分を補ってプログラムを完成させなさい.

```c
#include <stdio.h>
int main(void) {
    double teihen, takasa, menseki;
    teihen=13.35;
    takasa=24.64;



    return 0;
}
```

```
――― 実行結果 ―――
面積は 164.472000
```

問題 3-4 問題 3-3 の実行結果が右のように,四捨五入して小数第 1 位まで表示されるように変えなさい.

```
――― 実行結果 ―――
面積は 164.5
```

問題 3-5 右の実行結果のようにキーボードから 2 つの整数を入力して,その 2 数と積を表示するプログラムを作りなさい.

```
――― 実行結果 ―――
aはいくつ？ 67
bはいくつ？ 12
67×12は804です
```

問題 3-6 右の実行結果のように,キーボードから球の半径を入力すると体積を計算するプログラムを作りなさい.円周率は 3.14159 とするが,計算結果は小数第 2 位まで表示する.また 3 乗は 3 回の掛け算とする(累乗の計算は chapter8 を参照).

```
――― 実行結果 ―――
半径は？ 2.58
体積は 71.94
```
```

エラーメッセージの見方

　既にいくつかのプログラムを作って実行したことと思う．でも1回でコンパイルに成功することは少ないだろう．何かエラーが出たがエラーメッセージの意味がわからない，あるいは絶対に自分のプログラムは間違っていないのにエラーが出ると思ったかもしれない．エラーメッセージを理解することは，非常に大切なことである．ここではエラーメッセージの見方を説明しておこう．

　エラーメッセージはコンパイラによって異なるが，どれでもエラーが発見された行とエラーの意味が表示される．

```
1    /*  エラーのあるプログラム-1  */
2    #include <stdio.h>
3    int main(void) {
4        printf("こんにちは¥n");
5        retarn 0;            ←[ return のミススペル ]
6    }
```

er1.c(5) ： error C2065： 'retarn'： 定義されていない識別子です。
er1.c(5) ： error C2143： 構文エラー ： ';' が '定数' の前にありません。

　エラーメッセージにはプログラム名，エラーが発生した行，エラー番号，エラーの意味が書かれている．このプログラムの場合，return を retarn と書いてしまったので5行目にエラーが出ている．しかし，「スペルが違っています」というメッセージではない．1文字間違えただけでも retarn はC言語のキーワードではなくなるので，識別子（変数名など）とみなされる．ところがそんな変数は宣言されていないので「定義されていない識別子」というエラーメッセージになる．

　なお，もう1つのメッセージも return が正しく認識されないために出たエラーなので，修正してコンパイルをやり直せばこのエラーもなくなるはずである．

```
1   /*  エラーのあるプログラム-2  */
2   #include <studio.h>
3   int main(void) {
4       printf("こんにちは¥n");
5       return 0;
6   }
```

> stdio のミススペル

```
er2.c(2) : fatal error C1083: インクルード ファイルを開けません。
'studio.h': No such file or directory
```

今度も単純なスペル間違いである．この間違いは，ヘッダファイル名を studio.h （正しくは stdio.h）としたことである．fatal error とは致命的なエラーという意味である．このファイルがないと文法のチェックにすら進めないからである．

```
1   /*  エラーのあるプログラム-3  */
2   #include <stdio.h>
3   int main(void) {
4       printf("こんにちは¥n");
5       return 0;
6   }
```

> ここに全角スペース

```
er3.c(4) : error C2018: 文字 '0x81' は認識できません。
er3.c(4) : error C2018: 文字 '0x40' は認識できません。
er3.c(4) : error C2018: 文字 '0x81' は認識できません。
er3.c(4) : error C2018: 文字 '0x40' は認識できません。
```

これはプログラムの表示を見るだけでは気がつきにくい間違いである．4行目 printf の前のスペースに全角文字が使われている場合，このようなエラーメッセージが出る．日本語入力のままでスペースを入れてしまうことがある．初心者を惑わす代表的なエラーである．同じようなエラーで半角の「"」と全角の「"」を間違えることも多いようである．

```
1    /*  エラーのあるプログラム-4  */
2    #include <stdio.h>
3    int main(void) {
4        int a,b;              ← c の宣言がない
5        a=45;
6        b=78;
7        c=a+b;
8        printf("%d¥n",c);
9        return 0;
10   }
```
er4.c(7) ： 'c'： 定義されていない識別子です。

　ここで，エラーが発見された位置は 7 行目となっている．しかし，その本当の原因はそこにはない．これは，変数 c が宣言されていないことが原因である．つまり本当の間違いは 4 行目にある．このように，エラーメッセージが示す行が本当のエラーかどうかよく考えなければいけない．

```
1    /*  エラーのあるプログラム-5  */
2    #include <stdio.h>
3    int main(void) {
4        int a,b,c;
5        a=45;
6        b=78;             ← " がない
7        c=a+b;
8        printf(%d¥n",c);
9        return 0;
10   }
```
er5.c(8) ： 構文エラー ： ')' が '%' の前に必要です。
er5.c(8) ： 'printf'： 実引数が少なすぎます。
er5.c(8) ： 不要な箇所に、エスケープ シーケンスが付いています。
er5.c(8) ： 定義されていない識別子です。
er5.c(8) ： 構文エラー ： ';' が、識別子 'n' の前に必要です。
er5.c(8) ： '%'： 演算子にプログラム上の作用がありません。作用を持つ演算子を使用してください
er5.c(8) ： 定数が 2 行目に続いています。
er5.c(8) ： 定義されていない識別子です。
er5.c(8) ： 構文エラー ： ';' が 'string' の前に必要です。

　このプログラムに対してはこんなにたくさんのエラーメッセージが出る．しかし，エラーの原因は printf の中の「"」がないことだけである．このようにたった 1 つの誤りなのに，多数のエラーメッセージが出ることもある．

```
1    /*  エラーのあるプログラム-6  */
2    #include <stdio.h>
3    int main(void) {
4        int n;
5        printf("整数を入れて  ");
6        scanf("%d", n);
7        printf("n=%d¥n", n);
8        return 0;
9    }
```

&がない

整数を入れて <u>6</u>
n=2147348480

このプログラムはエラーなしで実行されるが，明らかに間違っている．原因は 6 行目の n の前の & を忘れたことである．しかし，このような書き方も文法上は許されるのでコンパイラはエラーメッセージを出さない．

このように，エラーメッセージが出ないからといってプログラムが正しいとはいえないのである．実行結果をよく見て，予想と合っているかなどの検討も必要である．

```
1    /*  エラーのあるプログラム-7  */
2    #include <stdio.h>
3    int main(void) {
4        int a,b;
5        printf("整数を入れて  ");
6        scanf("%d", &a);
7        b=100/a;
8        printf("b=%d¥n", b);
9        return 0;
10   }
```

整数を入れて <u>0</u>

このプログラムはコンパイルのときにエラーメッセージは出ないし，普通は問題なく実行できる．しかし，キーボードから 0 を入力した場合は異常終了して，OS からプログラムを終了する旨のメッセージが表示される．

エラーの原因は 7 行目で 0 による割り算が起こるからである．7 行目の文は文法の違反ではないのでコンパイル時に見つけることはできない．このように特定の場合にだけ起こるエラーは見つけにくいやっかいなエラーである．

以下は初心者がおかしやすいエラーである．エラーの原因がわからなかったらこれらをチェックしてみるとよい．

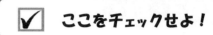

1）末尾の ; を忘れている

2）変数名や関数名のスペルミス

　　stdio を studio と書いたり，printf を print と書いていないか．

3）( ) や { } などの括弧の一方が足りない

　　{ } の対応を間違えないためには正しいインデントが必須．

4）" " の一方がない

　　エラーメッセージがいっぱい出たときは大抵これ．

5）全角の文字を使っている

　　スペース，），" などが全角の文字になっていないか．

6）スペースを入れるべきところにスペースがない

　　return 0　を return0　と書いていないかなど．

7）if の条件の等号を ＝ と書いていないか

　　等しいは 「==」 と ＝ を 2 つ書く（chapter 4 参照）．

8）l と 1 の間違い

　　とくに scanf の %lf は要注意．

Column

バグ

　プログラムの誤りやそれによって起こる異常な現象をバグという．バグ（ bug ）とは虫のことである．プログラムは間違っていないはずなのに，どうしても思ったとおりに作動しない．これはコンピュータの中に虫が入って悪さをしているのではないか，というイメージで使われる．本当は自分の責任なのに虫のせいにしたくなる気持ちはプログラムを作った経験のある人ならわかるだろう．

　そんな意味で抽象的に虫といっているのだが，本当に機械の中に虫が入って異常が起こったという話がある．1945 年，アメリカのハーヴァード大学でリレー式計算機 Mark II が正常に動作しないので機械の中を調べたら小さな蛾が見つかったというのだ．その蛾は今でもバージニア州の US Naval Surface Weapons Center というところに展示されている．

分 岐

4.1 ifによる分岐

例題 4.1

```
1    /*  example-4.1  */
2    #include <stdio.h>
3    int main(void) {
4        int age;
5        printf ("何歳ですか?  ");
6        scanf ("%d",&age);
7        if (age<20) {
8            printf ("未成年です¥n");
9        }
10       else {
11           printf ("大人です¥n");
12       }
13       return 0;
14   }
```

```
何歳ですか?  21
大人です
```

```
何歳ですか?  18
未成年です
```

　例題 4.1 のプログラムはキーボードから整数を入力すると，その数が 20 未満なら「未成年
です」，20 以上なら「大人です」と表示する．実行結果は 21 と答えた場合と 18 と答えた場合
の 2 通りを示した．このように分岐があるプログラムでは，if という構文を使う．

　if を使うプログラムでは条件によって実行結果が異なる．もしプログラムに間違いがあっ
ても入力値によっては正しく動いているように見えることもある．何度か実行を繰り返して，
どんな場合でも正しく動作することを確認しよう．

■ if

　今までのプログラムでは，処理の流れは上から下へと一本道であった．しかし，ちょっと複雑な処理をしようとすると，必ず条件によって異なる作業をしなければならなくなる．つまり右下の図のように分かれ道ができる．C 言語でこれを実現する最も簡単な方法が if-else による分岐なのである．

　if-else の使い方は次のようにする．

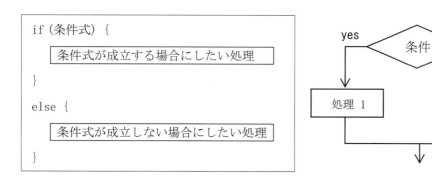

```
if (条件式) {
    条件式が成立する場合にしたい処理
}
else {
    条件式が成立しない場合にしたい処理
}
```

　条件式が成立した場合と，しない場合の各々にさせる処理は {} で括って，その中に書く．ただし，それらが 1 文のみの場合は {} を省略できる（例題ではわかりやすくするため {} を省略していない）．

　if の後の () 内の条件式は，

$$A \text{ 関係演算子 } B$$

という形で 2 つの値を比較する．このとき A や B は変数，定数，式などである．**関係演算子**は右の表の 6 種類がある．そして，2 つの値がその関係を満たしているとき，条件式は「真」，そうでないときは「偽」であるという．関係演算子はたいてい数学の表記と似ているが，違うものもあるので注意が必要である．とくに等号が「==」であることは要注意である．

関係演算子	数学表記
>	>
>=	≧
<	<
<=	≦
==	=
!=	≠

if の例

```
if (a>=10) {
    x=a;
}
else {
    x=a-1;
}
if(x!=y) c=x; else c=y;
```
（ {} を省略して 1 行に書いた例）

Column

再びインデント

　ifを使うプログラムを見ると，行の書き始めが階段状になっていることに気づくだろう．これはインデントが2重になっているからである．C言語のプログラムでは「{」と「}」の間（ブロック）はひとまとまりの処理としてインデントを付ける習慣がある．

　こうすると，プログラムの構造が視覚的に明確になるからである．たとえば，ifの「i」の真下で最初に出てくる「}」がifの範囲の終わりだとすぐにわかる．

　インデントで何文字分ずらすかは自由である．しかし場所によってインデント量が違うと，かえって見にくくなるので，統一しておかなければならない．インデントを付けなくてもエラーにはならないので軽く考えがちであるが，実はプログラムの上達には欠かせないことなのである．面倒でも必ずインデントを付けよう．

例題 4.2

```
 1    /*  example-4.2  */
 2    #include <stdio.h>
 3    int main(void) {
 4        int a,b,tmp;
 5        printf ("整数を入れてください ");
 6        scanf ("%d",&a);
 7        printf ("もう1つ整数を入れてください ");
 8        scanf ("%d",&b);
 9        if (a>b) {
10            tmp=a;
11            a=b;
12            b=tmp;
13        }
14        printf ("%d ≦ %d¥n",a,b);
15        return 0;
16    }
```

```
整数を入れてください 39
もう1つ整数を入れてください 24
24 ≦ 39
```

```
整数を入れてください 425
もう1つ整数を入れてください 783
425 ≦ 783
```

例題 4.2 のプログラムは，キーボードから入力した 2 つの数を必ず小さい順に表示する．大小の順で入れても，小大の順で入れても，表示は左が小さい数になる．

この場合，入力された a と b の関係が a>b のときは a と b の値を交換し，そうでなければ何もしないようにする．こうしておけば 14 行目の 1 つの printf で a，b の順に表示するだけでよい．

■ elseのないif

if の条件が成立しない場合にすることがなければ，else 以降がないものとして次のように書ける．

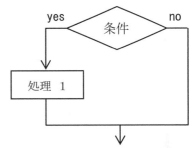

```
if (条件式) {
      条件式が成立するときにしたい処理
}
```

else のない if の例

```
if(a>b+3) {
    c=5;
    printf("%d¥n",c);
}
if(n%2==0) printf("¥n");
```

■ 値の交換

2 つの変数の値を交換するには，次のように第 3 の変数が必要になる．a と b の値を交換する場合は次のようにする．

```
第 3 の変数=a;
a=b;
b=第 3 の変数;
```

単純に

```
a=b;
b=a;
```

ではうまくいかないことに注意しよう．変数は代入すると，それまでの内容が消えてしまうからだ．消えても困らないように第 3 の変数に退避させておくのである（例題 13.1 参照）．

例題 4.3

```
1    /*  example-4.3  */
2    #include <stdio.h>
3    int main(void) {
4        int age,fee;
5        printf("何歳ですか?  ");
6        scanf("%d",&age);
7        if (age<6) {
8            printf("小人  ");
9            fee=100;
10       }
11       else if (age<18) {
12           printf("中人  ");
13           fee=200;
14       }
15       else {
16           printf("大人  ");
17           fee=300;
18       }
19       printf("%d 円¥n",fee);
20       return 0;
21   }
```

```
何歳ですか?  3
小人  100 円
```

```
何歳ですか?  15
中人  200 円
```

```
何歳ですか?  25
大人  300 円
```

この例題は動物園の入場料が

6 歳未満	小人	100 円
6 歳以上 18 歳未満	中人	200 円
18 歳以上	大人	300 円

というように年齢で決められているとして，入力された年齢によって区別（小人，中人，大人）と，料金を表示するプログラムである．これまで if では，2 種類の場合分けしかできなかったが，ここでは 3 種類の場合に分けなければならない．if で 3 通り以上の場合分けを行

うにはどうしたらいいか見ていこう.

■ ifの中のif

if-else では 2 つの場合にしか分類できない. しかし，if-else の else の部分にまた if-else をつなげてしまえば，条件不成立の場合をさらに分けることができる. つまり次のように考えればよい.

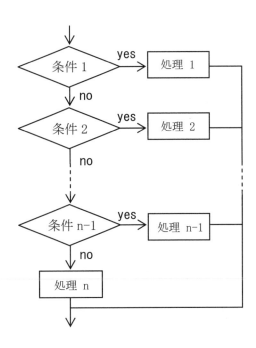

　これは，右上の図のように条件 1，条件 2，…と順に条件に適合するものを篩にかけていくような手順である. なお，このような書き方は elseif という特別な構文があるわけではなく，単に if-else を入れ子（else の部分の中に if-else が含まれる）にしてあるだけである.

例題 4.4

```
1   /*  example-4.4  */
2   #include <stdio.h>
3   int main(void) {
4       int age,fee;
5       printf ("何歳ですか?  ");
6       scanf ("%d",&age);
7       if (age<6) {
8           printf ("小人  ");
9           fee=100;
10      }
11      else {
12          if (age<18) {
13              printf ("中人  ");
14              fee=200;
15          }
16          else {
17              printf ("大人  ");
18              fee=300;
19          }
20      }
21      printf ("%d 円¥n",fee);
22      return 0;
23  }
```

例題 4.4 は一見例題 4.3 と違う書き方に見えるが，実はまったく同じことをしている．この
プログラムの else 部分の{}を省略してインデントを変えると例題 4.3 と同じになる．

例題 4.5

```
1    /*  example-4.5  */
2    #include <stdio.h>
3    int main(void) {
4        int age;
5        printf ("何歳ですか?  ");
6        scanf ("%d",&age);
7        if (age>=6 && age<=64) {
8            printf ("100 円です¥n");
9        }
10       else {
11           printf ("無料です¥n");
12       }
13       return 0;
14   }
```

何歳ですか? <u>3</u>
無料です

何歳ですか? <u>67</u>
無料です

何歳ですか? <u>23</u>
100 円です

さて，今度は入場料が,

5 歳以下	無料
6 歳以上 64 歳以下	100 円
65 歳以上	無料

という場合を考えてみよう．今度は単純に「無料です」か「100 円です」と表示するだけである．
これも 3 分類としても悪くはないが，「6 歳以上<u>かつ</u> 64 歳以下」と「それ以外」とすれば 2 分類
ですむ．その「かつ」は 7 行目の if に書かれているように「&&」で表す．

■ 複合条件の論理演算子

　if の関係式は 2 つのものしか比べられない．数学のように 6≦age≦64 と書くことはでき
ない．そのようなときは，関係式を（〜かつ〜）あるいは（〜または〜）で結んで複合の条件
を表す．例題 4.5 の 7 行目は変数 age の値が 6 以上でかつ 64 以下ならばという意味である．

一般的に書くと次のようになる.

> if (条件 1 && 条件 2) …　　　条件 1　かつ　条件 2 ならば
>
> if (条件 1 || 条件 2) …　　　条件 1 または 条件 2 ならば

「かつ」や「または」を表すものを**論理演算子**という.これらに加えて条件の否定を表す演算子もある(右表を参照).

論理演算子	意 味	使用例
||	または	a>b || c>d
&&	かつ	a==1 && b==3
!	~でない	!(a<1)

論理演算の例

if (a>1 && a<6) …
if (p==x || p==y) …
if (a<b || b<c && c<d) …
if (!(a<b)) …

a>1 かつ a<6 ならば

p=x または p=y ならば

a<b または (b<c かつ c<d) ならば

a<b でないならば

ここで,注意しておきたいのは,「||」と「&&」が同時に出てきた場合では「&&」が先に評価される点である.もし優先度を変えたいならば,先に評価するところを括弧で囲む.これは四則演算の括弧の使い方と同じである.また優先度の順がよくわからないのであれば,積極的に括弧を使えばよい.括弧が多すぎてもエラーになることはない.

論理演算に括弧を使う例

if ((a<b || b<c) && c<d) …

(a<b または b<c) で,かつ c<d ならば

複合条件は,ブール代数や論理回路の知識を使うと簡略化できることもある.たとえば,

> if(a>=0 || a<0 && b>=0) …

という条件は

> if(a>=0 || b>=0) …

と簡単にすることができ,無駄な処理を省くことができる.しかし簡略化によってプログラムの動作が理解しにくくなるのであれば,無理に変える必要はないだろう.

また,プログラムの動作をわかりやすく見せるためには,複合条件を使わず多重の if で表した方がいい場合もある.たとえば,

> if(a>=0 && b>=0) {
>
> 　　…
>
> }

は,次のように 2 重の if でも表せる.

```
if(a>=0) {
    if(b>=0) {
        …
    }
}
```

　複号条件は便利なようであるが，if の条件にあまり複雑な復号条件を書くことは逆にプログラムを見にくくすることもある．場合分けがひと目で分かるように if-else を組み立てるべきである．

Column

｛と｝の位置

　int main(void) や if (…)，else などの後に続く｛｝をどの位置に書くかはいろいろな流儀がある．下は比較的よく使われているスタイルの例である．1)は本書のスタイル，2)は「{」を次の行に書くスタイルで，3)は｛｝もインデントするスタイルである．その他に関数のブロックだけ 2)でそれ以外は 1)を使うものも多い．どのスタイルにしても自由であるが，混用は避けるべきである．なお，後の節で出てくる for や while に続く｛｝についても同様である．

```
1)                    2)                    3)
if (a>b) {            if (a>b)              if (a>b)
    …                 {                         {
}                         …                         …
                      }                         }
```

4.2 switch-caseによる分岐

例題 4.6

```
1    /*  example-4.6  */
2    #include <stdio.h>
3    int main(void) {
4        int n;
5        printf ("1 :  0 ～  5 歳¥n");
6        printf ("2 :  6 ～ 18 歳¥n");
7        printf ("3 : 19 歳以上¥n");
8        printf ("番号を選んでください -> ");
9        scanf ("%d",&n);
10       switch(n) {
11           case   1: printf ("小人 100 円です¥n");
12                     break;
13           case   2: printf ("中人 200 円です¥n");
14                     break;
15           case   3: printf ("大人 300 円です¥n");
16                     break;
17           default : printf ("番号が違います，やり直してください¥n");
18       }
19       return 0;
20   }
```

```
1 :  0 ～  5 歳
2 :  6 ～ 18 歳
3 : 19 歳以上
番号を選んでください -> 1
小人 100 円です
```

```
1 :  0 ～  5 歳
2 :  6 ～ 18 歳
3 : 19 歳以上
番号を選んでください -> 2
中人 200 円です
```

```
1 :  0 ～  5 歳
2 :  6 ～ 18 歳
3 : 19 歳以上
番号を選んでください -> 3
大人 300 円です
```

```
1 :  0 ～  5 歳
2 :  6 ～ 18 歳
3 : 19 歳以上
番号を選んでください -> 5
番号が違います，やり直してください
```

　これは例題 4.3 でやった動物園の料金表示と同じことをするプログラムである．ただし，実行結果を見ればわかるように，年齢を聞くのではなくメニューから該当する番号を選ばせる方法を使っている．この場合は，答えた番号に従って処理を変えればよい．C 言語には番号によって処理を変える switch-case という便利なものがある．

■ switch-case

　switch-case は次のように書く．

```
switch(式) {
    case  値 1 :   ┌─────────┐
                   │  処理 1  │
                   └─────────┘
                        break;
    case  値 2 :   ┌─────────┐
                   │  処理 2  │
                   └─────────┘
                        break;
              ・         ・
              ・         ・
              ・         ・
    case  値 n :   ┌─────────┐
                   │  処理 n  │
                   └─────────┘
                        break;
    default    :   ┌──────────────────────────┐
                   │  どれにも該当しない場合の処理  │
                   └──────────────────────────┘
}
```

　ここで初めに () 内の式（変数や計算式）の値が評価され，case 値 1, case 値 2, … の値のどれかに等しい場合はその右に書いてある処理が行われる．どの case にも合わない場合は default の右に書いてある処理が行われる．case の個数はいくつでもよいので switch-case は多重分岐と呼ばれる．break は，処理を打ち切って {} の外へ出るためのものである．また，どれにも該当しない場合の処理が不要なときには default の部分は必要ない．

例題 4.7

```
1    /* example-4.7 */
2    #include <stdio.h>
3    int main(void) {
4        int month;
5        printf ("何月ですか ");
6        scanf ("%d",&month);
7        switch(month) {
8            case    1:
9            case    3:
10           case    5:
11           case    7:
12           case    8:
13           case   10:
14           case   12: printf ("31 日です¥n");
15                      break;
16           case    4:
17           case    6:
18           case    9:
19           case   11: printf ("30 日です¥n");
20                      break;
21           case    2: printf ("28 日です¥n");
22                      printf ("(閏年は 29 日)¥n");
23                      break;
24           default : printf ("1〜12 の数を入れてください¥n");
25       }
26       return 0;
27   }
```

```
何月ですか 1
31 日です
```

```
何月ですか 2
28 日です
(閏年は 29 日)
```

```
何月ですか 4
30 日です
```

```
何月ですか 13
1〜12 の数を入れてください
```

　ここのプログラムは月の数を入力すると，その月の日数を示すプログラムである．switch-case で 12 種類をすべて書くのは面倒だが，同じ日数の月をまとめると簡単に書くことができる．

　switch-case では，case と値の後に何も書かれていない場合は何も行われない．そして break がないときはそのまま次の行へと進む．例題ではこの性質を利用して 1，3，5，7，8，10，12月は 14 行目を，4，6，9，11月は 19行目を，そして 2月は 21〜22 行目が実行されるようになっている．

　また 1〜12 以外の数を入れた場合には，default で対応するようにしてある．

Column

C言語のキーワードの意味

　C言語で出てくるキーワードは，すべて英単語あるいは英単語の略が使われている．だから元の英語の意味がわかっていれば使い方も推測できる．たとえば switch は電気のスイッチと同じだけれど，on/off ではなく切り換えるタイプのスイッチだ．

　break は普通は壊す，壊れるを意味するが，コーヒーブレークというようなときは仕事を中断するということであるから，何かを中止するという意味がある．

　default は不履行，怠慢などという意味もあるが，「何の設定も行なわなかったときに使用される，あらかじめ決められた設定値」である．パソコンのソフトなどでよく使う言葉である．

　キーワード以外に関数の名前などにも英単語や略語が出てくる．C言語で出てくるおもな英語を集めて巻末の付録に載せたので参考にしてほしい．

問 題

ドリル　以下の問いに答えなさい．a，b は int 型変数とする．

1) if の条件式で「a は 5 より小さい」はどう書くか．

2) if の条件式で「a は 3 以下」はどう書くか．

3) if の条件式で「a は b+1 に等しい」はどう書くか．

4) if の条件式で「a を 2 で割った余りが 0 ではない」はどう書くか．

5) if の条件式で a==5 と 5==a は同じ結果になるか．

6) if(x>0) a=1; b=2; と書くと，x の値に関係なく b=2 が実行される．なぜか．

7) a の値が 1 のとき，a!=1 は真か偽か．

8) a の値が 1 のとき，a<=1 は真か偽か．

9) a の値は 1，b の値は 2 のとき，a==b は真か偽か．

10) a の値が 1 のとき，a<1 || a>2 は真か偽か．

11) a の値が 1 のとき，0<a && a<3 は真か偽か．

12) a の値が 3 のとき，if(a==3) b=1; else b=2; の実行後 b の値はいくつか．

13) a の値が 3 のとき，if(a>=3) b=4; else b=5; の実行後 b の値はいくつか．

14) a の値が 3 のとき，if(a!=3) a=4; の実行後 a の値はいくつか．

15) a の値が 3 のとき，if(a<3 || a>5) b=1; else b=2; の実行後 b の値はいくつか．

16) 英語の switch とはどういう意味か．

17) 英語の default とはどういう意味か．

18) 下の switch で，a が 2 のとき b はいくつになるか．
```
switch(a) {
    case 1: b=9;
            break;
    case 2: b=7;
            break;
    case 3: b=5;
            break;
    default: b=0;
}
```

19) 下の switch で，a が 3 のとき b はいくつになるか．
```
switch(a) {
    case 2: b=10;
            break;
    case 3:
    case 4: b=20;
            break;
    default: b=30;
}
```

問題 4-1 次のプログラムの実行結果を予測しなさい.

```
#include <stdio.h>
int main(void) {
    int a,b;
    a=3;
    b=2;
    if(a>b) {
        b=a;
    }
    printf("%d\n",b);
    return 0;
}
```

```
#include <stdio.h>
int main(void) {
    double r,s,area;
    r=6.2;
    s=100.0;
    area=3.1415926*r*r;
    printf("%5.1f より",s);
    if(area>s) printf("大きい\n");
    else printf("小さい\n");
    return 0;
}
```

```
#include <stdio.h>
int main(void) {
    int x,y,z,w;
    x=2;
    y=5;
    z=1;
    if(x>y) {
        w=x-y;
    }
    else if(y>z) {
        w=y-z;
    }
    else {
        w=z-x;
    }
    printf("%d\n",w);
    return 0;
}
```

```
#include <stdio.h>
int main(void) {
    int x,y,z;
    x=28;
    y=5;
    z=x%y;
    switch(z) {
        case 0:
        case 1: printf("グー\n");
                break;
        case 2: printf("チョキ\n");
                break;
        default: printf("パー\n");
    }
    return 0;
}
```

問題 4-2 キーボードから入力した整数が, 偶数か奇数かを次のように表示するプログラム
をつくりなさい.

```
#include <stdio.h>
int main(void) {
    int n,a;
    printf ("整数を入れて ");
    scanf (     ,&n);
    a=n  2;
    if (        ) {
        printf ("%d は偶数です\n",n);
    }
    else {
        printf ("%d は奇数です\n",n );
    }
    return 0;
}
```

```
──── 実行結果 ────
整数を入れて 13
13は奇数です

整数を入れて 8
8は偶数です
```

問題 4-3 右の例のように 24 時間制の時刻を入れると，12 時間制の時刻を表示するプログラムを作りなさい．昼の 12 時は正午というが，ここでは午後 0 時とする．

実行結果
何時（24時間制）？ <u>7</u> 午前7時です
何時（24時間制）？ <u>20</u> 午後8時です

問題 4-4 問題 4-3 のプログラムで，負の数や 24 以上の数が入力された場合は「不正な数です」と表示するように改良しなさい．

実行結果
何時（24時間制）？ <u>25</u> 不正な数です

問題 4-5 右のように，キーボードから整数を入れて，その数が 1 なら「苺」，2 なら「人参」，3 なら「サンダル」，4 なら「ヨット」，それ以外は「わかりません」と表示するプログラムを作りなさい．

実行結果
いくつ？ <u>1</u> 苺
いくつ？ <u>2</u> 人参
いくつ？ <u>7</u> わかりません

問題 4-6 2 次方程式 $ax^2 + bx + c = 0$ について，a, b, c の値をキーボードから与えると，2 解を持つか，重解（重根）を持つか，解がないかを判定するプログラムを作りなさい．

ヒント $b^2 - 4ac$ が正なら 2 解，0 なら重解，負なら解なし

問題 4-7 右下の実行結果のようにセンチメートルを○尺○寸と表示するプログラムを作りなさい．ただし，1 寸以下の端数は切り捨てる．また 1 寸以下の場合を除いて 0 尺とか 0 寸は表示しないようにする．

ヒント 1 尺＝10 寸＝30.3 センチメートル

実行結果
何センチメートル <u>176.3</u> 176.3 センチメートルは 5尺 8寸 です
何センチメートル <u>181.9</u> 181.9 センチメートルは 6尺 です
何センチメートル <u>22.4</u> 22.4 センチメートルは 7寸 です
何センチメートル <u>1.4</u> 1.4 センチメートルは 0寸 です

問題 4-8 次のプログラムは足の数と羽の有無をキー入力して，人，犬，雀，蟻，蜂，蛸を区別するプログラムである．ただしこれにはインデントが付けられていない．正しくインデントを付けなさい．

```
#include <stdio.h>
int main(void) {
int a,h;
printf("足は何本? ");
scanf("%d",&a);
printf("羽はある? ある＝1 ない＝それ以外の数 ");
scanf("%d",&h);
if(h==1) {
switch(a) {
case 2: printf("雀¥n");
break;
case 6: printf("蜂¥n");
}
}
else {
switch(a) {
case 2: printf("人¥n");
break;
case 4: printf("犬¥n");
break;
case 6: printf("蟻¥n");
break;
case 8: printf("蛸¥n");
}
}
return 0;
}
```

問題 4-9 下の実行例のように，三角形の 3 辺の長さを入力すると，鋭角三角形，鈍角三角形，直角三角形かあるいは三角形にならないかを表示するプログラムを作りなさい．

ヒント 辺 a,b,c で c が最も長いとしたとき，$c^2-a^2-b^2$ が正なら鈍角三角形，負なら鋭角三角形，0 なら直角三角形．また c>=a+b の場合は三角形にならない．

```
―― 実行例 ――
第1の辺の長さ 7.8
第2の辺の長さ 5.7
第3の辺の長さ 12.0
鈍角三角形です
```

```
―― 実行例 ――
第1の辺の長さ 8.2
第2の辺の長さ 13.5
第3の辺の長さ 10.8
鋭角三角形です
```

```
―― 実行例 ――
第1の辺の長さ 6.5
第2の辺の長さ 6.0
第3の辺の長さ 2.5
直角三角形です
```

```
―― 実行例 ――
第1の辺の長さ 3.8
第2の辺の長さ 9.5
第3の辺の長さ 4.2
三角形になりません
```

繰り返し

5.1 whileによる繰り返し

例題 5.1

```
1   /*  example-5.1  */
2   #include <stdio.h>
3   int main(void) {
4       int count;
5       count=0;
6       while(count<5) {
7           printf("Good Morning¥n");
8           count++;
9       }
10      return 0;
11  }
```

```
Good Morning
Good Morning
Good Morning
Good Morning
Good Morning
```

例題 5.1 は, printf で「Good Morning」と 5 回表示するプログラムである. しかし, printf を 5 回書くということはしない. 1 つの printf を 5 回繰り返させるのである. 繰り返しを行う方法はいろいろあるが, ここでは一番簡単な while を使う.

■ while

while というのは, 英語で「〜の間」という意味である. C 言語の while は, すぐ後ろの () の中の条件が成り立っている間は繰り返すというものである.

while は, 次のように書く.

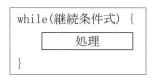

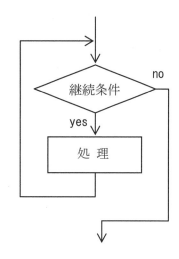

　こうすると，右の図のように繰り返しごとに，まず継続条件が成立するかを調べる．そして成立すれば「処理」を実行し，成立しなければ「処理」を実行しないで次へ進む．例題の 6 行目の while では，変数 count の値が 5 より小さい間は 7，8 行目を実行し，count の値が 5 以上になったら繰り返しを止める．

　8 行目の count++ とは，変数 count の値を 1 増やせという意味である．繰り返しが始まる前に count には 0 が入っている（5 行目）．そして while の処理の中で 1 ずつ増えるので，count は，1，2，3，… と変わっていく．count が 4 のときまでは継続条件（count<5）が成立しているが，次に count が 5 になると条件は成立しないのでここで繰り返しは止まる．

　while の後ろの {} で囲まれた部分は，if の後ろの {} と同様でブロックという．この部分が 1 文だけならば {} は省略してもよい．

while の例

```
while (i!=0)   {
    printf("Hi!");
}
while(x<2.5)  x=x+0.5;
```
（括弧を省略）

■ 増減算演算子 ＋＋，ーー

　C 言語の算術演算子には，すでに学習した「+」「-」「*」「/」以外に，「++」や「--」がある．これらは，変数の値を単純に 1 だけ増やしたり減らしたりするものである．四則演算子が 2 つの変数や定数を結ぶのに対して，「++」や「--」は 1 つの変数に作用する．

演算子	例	意　味	別表現
++	x++	x の値を 1 増やす	x=x+1
--	x--	x の値を 1 減らす	x=x-1

例題 5.2

```
1    /*  example-5.2  */
2    #include <stdio.h>
3    int main(void) {
4        int n,s;
5        printf("整数を入れてください ");
6        scanf("%d",&n);
7        while(n>0) {
8            s=n*n;
9            printf("今nは %d で，その2乗は %d です¥n",n,s);
10           n-=2;
11       }
12       return 0;
13   }
```

```
整数を入れてください 11
今nは 11 で，その2乗は 121 です
今nは 9 で，その2乗は 81 です
今nは 7 で，その2乗は 49 です
今nは 5 で，その2乗は 25 です
今nは 3 で，その2乗は 9 です
今nは 1 で，その2乗は 1 です
```

　この例題は例題 5.1 と同じように while を使って printf を繰り返している．違うのは変数 n の値を実行時に scanf で読み込むことである．したがって与える数によって繰り返しの回数が変わる．また n の値は 2 ずつ小さくなるように変化させて（10 行目），それを使って 2 乗の計算を行っている．

■ 代入演算子（+=, −=, *=, ／=, %=）

　変数の値を 1 増やしたり減らしたりするのには ++ や −− を使うが，2 以上の増減には += や −= を使う．

n+=m

のように書くと変数 n の値が m だけ増える．これは n=n+m と同じ意味で，現在の n の値に m を加えて n に入れなおせということになる．+= のかわりに −= なら

演算子	例	意　味	別表現
+=	x+=y	x の値を y 増やす	x=x+y
−=	x−=y	x の値を y 減らす	x=x−y
*=	x*=y	x の値を y 倍する	x=x*y
/=	x/=y	x の値を 1/y にする	x=x/y
%=	x%=y	x の値を x÷y の余りにする	x=x%y

m 減らす．同様に *= や /=, %= などもある（上表参照）．

5.2 do whileによる繰り返し

```
1    /*  example-5.3  */
2    #include <stdio.h>
3    int main(void) {
4        int count;
5        double x;
6        x=100;
7        count=0;
8        do {
9            x/=2;                            /* x=x/2; と同じ */
10           count++;
11           printf ("%4d%8.4f¥n", count, x);
12       } while(x>1.0);
13       return 0;
14   }
```

```
1 50.0000
2 25.0000
3 12.5000
4  6.2500
5  3.1250
6  1.5625
7  0.7813
```

　例題5.3は，ある数（ここでは100）を次々に2で割っていくと何回で1より小さくなるか
を見るプログラムである．すなわち「2で割った回数と割った結果を表示する」ということを
繰り返し，結果が1より小さくなったら繰り返しを止めるというものである．この繰り返しに
は do while という構文を使っている．先の while と似ているが，繰り返しを続けるか否かの
判定のタイミングが異なることに注目しよう．

■ do while

　一般的に do while は次のように書く．

```
do {
        処理
} while(継続条件);
```

() の中の継続条件は while のときと同じで，この条件が成立している間は繰り返しを続ける．この動きを図にすると，右図のようになる．継続条件の判定が「処理」の後に行われるので，「処理」は最低 1 回は実行される（while では継続条件が始めから成立しなければ 1 回も実行されない）．なお，do while は{ }の範囲がいくら長くても 1 つの文であるから，最後に「;」を付けることを忘れてはならない．

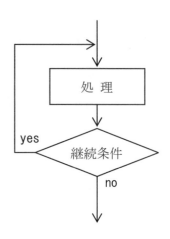

do while の例

```
do {
    printf(" %d", i);
    i++;
} while(i<10);
do s*=2; while (s<100);    （ {} を省略 ）
```

例題 5.4

```
1   /* example-5.4 */
2   #include <stdio.h>
3   int main(void) {
4       int m;
5       do {
6           printf("１２３ のどれかを入力してください　");
7           scanf("%d", &m);
8       } while(m<1 || m>3);
9       switch(m) {
10          case 1 : printf("Solo¥n");
11                  break;
12          case 2 : printf("Duo¥n");
13                  break;
14          case 3 : printf("Trio¥n");
15      }
16      return 0;
17  }
```

```
１２３ のどれかを入力してください　4
１２３ のどれかを入力してください　0
１２３ のどれかを入力してください　2
Duo
```

```
１２３ のどれかを入力してください　3
Trio
```

例題 5.4 はキーボード入力が 1 なら「Solo」，2 なら「Duo」，3 なら「Trio」と表示するプログラムであるが，do while のちょっと変わった使い方をしている．ここでは scanf に対する入力は 1, 2, 3 のどれかであることを期待している．そこで，間違った入力に対しては正しく入力されるまで入力のやり直しをさせるのである．正しく入力されれば繰り返しの必要はないのに，不正な入力を想定して繰り返しの形に書いてある．

数を入力するという処理が終わらないと正しいか不正かが判断できないから，処理の前に判定を行う while ではこのような作業はできないのである．

Column

複文の { }

while, do while で繰り返しの対象となる部分は { } で囲むと述べてきた．しかし，これらは文が 1 つだけなら { } で囲む必要はない．たとえば

    while(k=<100) k=k*2+1;

と書いてもよい．もともと { } は，複数の文をひとまとめにするためのものでブロックと呼ばれる．これは前章の if のブロックについても，この後に出てくる for のブロックでも同じことである．

ただし，プログラムを修正して単文を複文に変更した場合に { } で囲むことを忘れると，プログラムは意図した通りに動かなくなるので，慣れないうちは必ず { } で囲むものとしておいた方がよい．

5.3　forによる繰り返し

例題 5.5

```
1   /*  example-5.5  */
2   #include <stdio.h>
3   int main(void) {
4       int i;
5       for(i=1;i<=5;i++) {
6           printf ("Good Morning¥n");
7       }
8       return 0;
9   }
```

```
Good Morning
Good Morning
Good Morning
Good Morning
Good Morning
```

　このプログラムは，例題 5.1 と同じように「Good Morning」と 5 回表示する．しかし while とは違う for という構文を使っている．for も繰り返し範囲を {} で囲むことは while や do while と同じである．しかし for の後ろの () の中に書くことが異なる．

■ for

　for による繰り返しは

```
for(式 1;式 2;式 3) {
        処理
}
```

というように書く．こうすると，式 1，式 2，式 3 によって決まる回数だけ「処理」が繰り返し実行される．何がどう決まるのかわかりにくいので，具体的に示そう．たとえば，次のように書く．

```
        for(i=1;i<=5;i++)
```

　式 3 の後に「;」がないことに注意しよう．ここで出てくる変数 i は**ループ変数**といい，繰り返し回数をカウントするための変数である．これは，別に特別なものではなく普通の int 型の変数である（名前も何でもかまわない）．

　そして，式1は**初期化式**といい，繰り返しに先だって実行される．次の式2は**継続条件**を表す式で，この条件が成立している間は繰り返しが行われる．while のときの継続条件の式と同じ意味である．式3は**再初期化式**で，繰り返しが1回終わるごとに実行される．したがって，この for の文全体の意味は

　　1）i=1　　：　　はじめに i を1にして
　　2）i<=5　：　　i≦5 であれば「処理」を実行し，そうでなければ終了する．
　　3）i++　　：　　「処理」が終ったら i を1増やして2）へ

ということになる．もっと簡単にいえば i を 1 ずつ増やして，i が 1 から 5 になるまで繰り返す（5回繰り返す）ということである．

　while を使って同じことを行った例題 5.1 と比べてみると，このプログラムの変数 i は例題 5.1 の変数 count と同じ役割をしている．while のときは繰り返しの前に記述した初期化や，繰り返しの範囲内に書いた再初期化をまとめて () の中に書いてしまうのである．

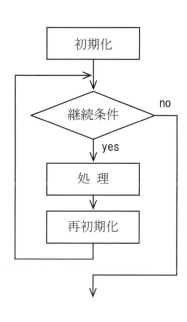

for の例

```
for(k=0;k<=3;k++) printf("Yes\n");
for(j=2;j<=10;j+=2) {
    printf("%d\n",j);
}
```

例題 5.6

```
1    /*  example-5.6  */
2    #include <stdio.h>
3    int main(void) {
4        int i;
5        for(i=10;i>=0;i--) {
6            printf ("%3d",i);
7        }
8        printf ("¥n");
9        return 0;
10   }
```

```
10  9  8  7  6  5  4  3  2  1  0
```

　例題 5.6 は，10 から 0 に向かって数を並べるプログラムである．例題 5.5 と違うのは，ループ変数が減る方向に変化することである．5 行目の i-- というようにループ変数を減らしていることと，継続条件(i>=0)の不等号の向きにも気をつけなければならない．

　なお，数字を横並びにするため 6 行目の printf には「¥n」がないことに注意しよう．そして繰り返しが全部終った後で改行を 1 回行う．8 行目の printf は改行だけ行うためのものである．

例題 5.7

```
1    /*  example-5.7  */
2    #include <stdio.h>
3    int main(void) {
4        int i;
5        double x,sum;
6        sum=0;
7        for(i=1;i<=7;i++) {
8            printf ("%d 番のデータ？ ",i);
9            scanf ("%lf",&x);
10           sum+=x;
11       }
12       printf ("合計=%f¥n",sum);
13       return 0;
14   }
```

```
1番のデータ？　3.8
2番のデータ？　4.5
3番のデータ？　2.4
4番のデータ？　7.2
5番のデータ？　9.2
6番のデータ？　6.0
7番のデータ？　6.3
合計=39.400000
```

　例題 5.7 はキーボードからの数値入力を 7 回繰り返し，その 7 個の数の合計を計算するプログラムである．繰り返しの方法に関して目新しいことはない．それよりも合計を求める方法に注目してほしい．

　合計を計算するには，合計を入れる変数（ここでは sum）を用意し，あらかじめ 0 を代入しておく（6 行目）．そして，繰り返しごとに入力された値を加算する（10 行目）．こうすると最終的にすべての数の合計が求められる．加算代入演算子（+=）はループ変数に限って使われるのではなく，一般の変数にも使うことができるものである（13.4 節参照）．

　この合計を計算する方法は非常によく使われるので必ず覚えておきたい．

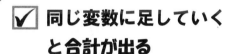
☑ 同じ変数に足していくと合計が出る

Column

繰り返しの速さ

　コンピュータの計算はとても速い．だから例題のようなプログラムはあっという間に終わってしまう．それでも繰り返し回数が何百万回，何億回ともなれば長い時間がかかるようになる．どの程度の時間がかかるかは，基本的に CPU のクロック周波数による．これは CPU の動作タイミングを決める号令のようなものである．クロック周波数は技術の進歩とともに上がってきて，現在では普通のパソコンでも1GHz（10億 Hz）を超えている．

　コンピュータの速さの指標として円周率の計算が話題になることがある．1947年には2037桁を計算するのに70時間かかったそうである．それが2009年にはスーパーコンピュータがほぼ同じ73時間で約2兆6千万桁まで計算した．2021年には，計算時間は100日以上であるが62兆桁を超える記録が出ている．

■ while, do while, forの使い分け

　繰り返しを行う方法が while, do while, for と 3 種類もあるのは，それぞれが必要な場合があるからである．単純にある回数だけ繰り返しを行うならば while, do while, for のどれを使ってもプログラムを書くことはできる．下の 3 つのプログラム例は同じ動きをする．ただし，n の値が 0 以下の場合，while と for は「処理」の部分が 1 回も実行されないのに対して，do while では 1 回だけは実行される．do while では，繰り返しを継続するか止めるかの判断が1 回の処理の最後に行われるからである．

i=1;
while(i<=n) {
　　処理
　　i++;
}
	i=1;
	do {
	　　処理
	　　i++;
	} while(i<=n);
		for(i=1;i<=n;i++) {
		　　処理
		}

　　一般的には

　　　　繰り返し回数がわかっている場合　　　　　　　→　　for
　　　　繰り返し回数がわかっていない場合　　　　　　→　　while
　　　　1 回は実行しないと継続条件が定まらない場合　→　　do while

とするのがよいだろう．while と do while は条件判断の位置の違いだけであるから，単に繰り返しをするだけなら while でできる．始める前の条件や，繰り返しごとの増分がはっきりしているなら for が適している．

Column

無限ループ

 while や for では継続条件が成立する限り繰り返しが続く．そのため，場合によっては繰り返しが止まらなくなることがある．下の3つのプログラム例は，いずれも繰り返しが永久に続く．このように繰り返しが止まらなくなることを**無限ループ**または**永久ループ**と呼ぶ．無限ループに落ち込むとコンピュータが制御不能な状態（ハングアップ）におちいることもあるので注意を要する．コマンドプロンプトや UNIX のコマンド画面ならば，たいていは ctrl＋C（コントロールキーと C のキー）でこの状態から抜けられる．

無限ループにおちいる例

int i, j;
j=1;
for(i=1;j>=1;i++) {
　…
}
	int i, j;
	i=1;
	while(i<=10) {
	　…
	　j++;
	}
		int i;
		for(i=1;i<=10:i++) {
		　…
		　i=1;
		}

 上の例がなぜ，無限ループになるのか考えてみよう．左と中央の2例は，カウントする変数と継続判定の変数が違っている．右のプログラムでは，カウントする変数を繰り返しの中で変更してしまうのでいつまでたっても終わることはない．

 普通，このような無限ループがあってはならない．しかし，逆にこの無限ループを積極的に使うことがある．ただし，それには繰り返しの途中に緊急停止できるような仕組みが必ず入っている．詳しくは次節の break で説明する．

5.4 breakとcontinue

例題 5.8

```
1   /* example-5.8 */
2   #include <stdio.h>
3   int main(void) {
4       int count;
5       double x, sum, av;
6       count=0;
7       sum=0;
8       while(count<10) {
9           printf("データを入れてください ");
10          scanf("%lf",&x);
11          if (x<=0) break;
12          sum+=x;
13          count++;
14      }
15      av=sum/count;
16      printf("個数=%d  合計=%8.3f  平均=%7.3f\n",count,sum,av);
17      return 0;
18  }
```

```
データを入れてください 24.3
データを入れてください 45.6
データを入れてください 37.1
データを入れてください 28.7
データを入れてください 125.4
データを入れてください 48.0
データを入れてください -1
個数=6  合計= 309.100  平均= 51.517
```

　このプログラムは，キーボードから 10 回数値を入力して，その合計と平均を求める．ただし，データが 10 個以下の場合もあるものとして，0 以下の数を入れたときは，途中でも繰り返しを止めるようにしてある．この「途中でも止める」ためには break を使う．

■ break

　break とは中断するという意味である．たとえば，while による繰り返しの場合，繰り返しを継続するか否かは while の後の( )内の条件式で決まるが，それとは別にループの途中でも強制的に繰り返しを終了させることができる．そのための文が break である．ループの範囲内

で break が実行されると，すぐにループの外（ } の後）に出る．例題でいえば 11 行目の break で 15 行目に進む．

　break はその性格上

　　　　if（条件式）break;

という形で使うのが普通である．break を使う必要があるのは，次のような場合である．

　1）基本的な継続条件はあるが，特別な場合にだけ繰り返しを終了させたいとき
　2）継続条件の判定が，繰り返しの先頭や末尾ではできない場合

　なお，break は while だけでなく，do while や for のループ範囲内でも同様に使える．また switch case においても case のブロックから抜けるために用いられるが，この場合は if を伴わない形でも使われる．

Column

while(1) と break

　繰り返し条件判定が繰り返し処理の途中にある場合は，break でループを抜ける．しかし，while の（）の条件はどうしたらいいだろうか．例題 5.8 のように基本の条件があればそれでよいが，それがない場合は単に

　　　　while(1)

と書けばよい．1は常に真となる．ただし，繰り返しの範囲の中に if（…）break がないと無限ループになってしまうので注意．

例題 5.9

```
1   /*  example-5.9  */
2   #include <stdio.h>
3   int main(void) {
4       int i;
5       for(i=1;i<=25;i++) {
6           if (i%4==0) continue;
7           printf ("%3d",i);
8       }
9       printf ("\n");
10      return 0;
11  }
```

```
 1  2  3  5  6  7  9 10 11 13 14 15 17 18 19 21 22 23 25
```

例題 5.9 は 1 から 25 までの数を 4 の倍数だけ除いて表示する．4 の倍数のときだけ 7 行目の printf をスキップさせるのに continue を使っている．

■ continue

break と似たものに continue がある．continue が実行されると，ループ範囲のそれ以降の文は実行されずに，次の回の繰り返しに移る．これもまた次のように使われる．

　　　if（条件式）continue;

continue も while，do while，for の繰り返しの中で同じように使うことができる．
break と continue の違いを簡単に図示すると下のようになる．

```
while(…) {            while(…) {
    if (…) break;         if (…) continue;
}                     }
```

例題 5.10

```
1   /*  example-5.10  */
2   #include <stdio.h>
3   int main(void) {
4       int i,j,size;
5       printf("サイズは? ");
6       scanf("%d",&size);
7       for(i=1;i<=size;i++) {
8           for(j=1;j<=size;j++) printf(" *");
9           printf("\n");
10      }
11      return 0;
12  }
```

```
サイズは? 5
 * * * * *
 * * * * *
 * * * * *
 * * * * *
 * * * * *
```

　このプログラムは，キーボードから入力した数を 1 辺とする正方形に「*」を並べて表示する．たとえば 5 が入力された場合，「*」を 5 回表示して改行するという動作を 5 回繰り返さなければならない．つまり繰り返しの中に繰り返しが含まれる 2 重のループになっている．

■ 多重ループ

　例題 5.10 のプログラムでは，7 行目から 10 行目までの for ループの中に，8 行目の for ループが入っている（1 文なので{ }は省略してある）．このように for ループの中に for ループが入るような構成を**多重ループ**という．ここでは 2 重であるが，必要ならば 3 重，4 重，…とすることも可能である．ただ，そのとき気をつけなければならないことは，ループ変数はループごとに別のものを使わなければならないということだ．この例では内側のループには j，外側のループには i という変数を使っている．

　多重ループは for に限ったことではなく while，do while でも可能である．あるいは for の中の while というような組み合わせでもかまわない．

多重ループの例

```
for(a=1;a<10;a++) {
    b=a;
    while(b<11) {
        printf ("%3d%3d¥n", a, b);
        b++;
    }
}
for(j=1; j<=10; j++) for(k=1;k<3;k++) printf("%d %d¥n", j, k);
```

例題 5.11

```
1   /* example-5.11 */
2   #include <stdio.h>
3   int main(void) {
4       int a,b;
5       for(a=1;a<=5;a++) {
6           for(b=1;b<=a;b++) printf ("%d ",b);
7           printf ("¥n");
8       }
9       return 0;
10  }
```

```
1
1 2
1 2 3
1 2 3 4
1 2 3 4 5
```

　このプログラムは実行例のように1行ごとに長くなる数字の列を表示する．2重のforを使っているが，単純に同じことを繰り返すのではない．内側のfor（6行目）の継続条件がb<=a となって，外側のループ変数aの値を参照している．そのため内側のforの繰り返しの終わりの数は外側のループ変数aによって変わっていくのである．aが1のときbは1だけ，aが2ならbは1から2まで…，aが5ならbは1から5までという具合である．

例題 5.12

```
1    /*  example-5.12  */
2    #include <stdio.h>
3    int main(void) {
4        int a,b,c,sum;
5        for(a=1;a<=6;a++) {
6            for(b=1;b<=6;b++) {
7                for(c=1;c<=6;c++) {
8                    sum=a+b+c;
9                    if(sum<5) continue;
10                   if(sum>7) break;
11                   printf("%d + %d + %d = %d\n",a,b,c,sum);
12               }
13           }
14       }
15       return 0;
16   }
```

```
1 + 1 + 3 = 5
1 + 1 + 4 = 6
1 + 1 + 5 = 7
1 + 2 + 2 = 5
1 + 2 + 3 = 6
1 + 2 + 4 = 7
        ・
        ・
        ・
3 + 3 + 1 = 7
4 + 1 + 1 = 6
4 + 1 + 2 = 7
4 + 2 + 1 = 7
5 + 1 + 1 = 7
```

　これは，サイコロを3つ振って目の合計が5以上7以下になる組み合わせをすべて求めるプログラムである．3つのサイコロの目を変数a，b，cで表し，3重のforループを使ってすべての組み合わせを作り出す．その上で条件に合わないときははじき，条件に合ったときは表示するという方法を採っている．

　このようにすべての組み合わせを調べる方法は「総当たり」といわれる．無駄な計算が多くても，コンピュータの計算速度で力任せに解いてしまうものだ．それでも，組み合わせが膨大になると計算に時間がかかるので無駄を省く必要がある．10行目のbreakはcontinueでも実行結果は同じになるが，少しでも無駄な計算を省いている（cをそれ以上大きくしても条件に合わない）．

例題　5.13

```
1   /*  example-5.13  */
2   #include <stdio.h>
3   int main(void) {
4       int i,m,d;
5       for(i=2;i<=1000;i++) {
6           printf("%4d : ",i);
7           m=i;
8           while(m%2==0) {
9               printf("2 ");
10              m/=2;
11          }
12          d=3;
13          while(m>1) {
14              while(m%d==0) {
15                  printf("%d ",d);
16                  m/=d;
17              }
18              if(d*d<m) d+=2; else d=m;
19          }
20          printf("¥n");
21      }
22      return 0;
23  }
```

```
   2 : 2
   3 : 3
   4 : 2 2
   5 : 5
   6 : 2 3
   7 : 7
   8 : 2 2 2
   9 : 3 3
  10 : 2 5
  11 : 11
  12 : 2 2 3
        ・
        ・
        ・
 996 : 2 2 3 83
 997 : 997
 998 : 2 499
 999 : 3 3 3 37
1000 : 2 2 2 5 5 5
```

　これは 2 から 1000 までの整数について，その素因数分解を表示するプログラムである．

　素因数分解とは，たとえば 84=2×2×3×7 のように整数を素数の積として表すことである．このプログラムでは 2 から 1000 までの処理を行うため for のループを用いる．さらに，その繰り返しの中の素因数分解の処理で 2 重の while のループが使われる．つまり，プログラム全体としては 3 重のループになっている．同じ 3 重ループでも前の例題より少し複雑なのでじっくり見ていこう．

　まず，素因数分解の対象となる数は 2 から 1000 までひとつずつ増えていく．この値は 5 行目の for で作っている．ただし，ループ変数 i を変更すると繰り返しがくるってしまうので，i の値を変数 m にコピーして（7 行目）それを素因数分解する．8 行目から 19 行目が素因数分解を行う部分で，考え方は以下のとおりである．

　素因数について 2 だけは唯一の偶数の素数として別扱いし，始めに 2 で割りきれる限り割ってしまう（8-11 行目）．こうしておけば以下は奇数のみに限定して考えられる．

　次は，d を 3 として m を d で割りきれる限り割り続けるという処理を行う（12-17 行目）．さらに d を 2 ずつ増やして 5，7，9，11，… と同じ処理を繰り返す．m は d で割ると，だんだん小さくなって最後は 1 となる．そのときが素因数分解の完了である（13 行目の while の条件）．

　また，d は 2 ずつ増えていくが $d^2>m$ となった時点で m が素数であると判明するので，d を一気に m にしてしまう（18 行目）．

注）このプログラムの素因数分解では 9，15，21，25，… などの素数でない数でも割り算を試みるので本当は無駄な処理も行っている．こうした無駄を省くにはもう少し先まで学習を進める必要がある．

問　題

ドリル　以下の問いに答えなさい．i，j は int 型変数，x，y は double 型変数とする．

1) 英語の while の意味は何か．

2) 　i=1;
   while(i<=4)　i++;
   で i++ は何度実行されるか．

3) 2)の while の繰り返しが終了した直後の i の値はいくつか．

4) 　x=2.0;
   while(x<10.0) {
   　　　x*=3;
   }
   の実行後，x はいくつになるか．

5) 　j=1;
   do {
   　　　…;
   　　　j++;
   } while(j<3);
   で … の部分は何回実行されるか．

6) 　y=1.5;
   do y*=2; while(y<10.0);
   の実行後，y はいくつになるか．

7) for(j=0;j<5;j++) …;　で … の部分は何回実行されるか．

8) for(i=4;i>=0;i--) …;　で … の部分は何回実行されるか．

9) for(i=1;i<9;i+=3) printf("X");　で「X」はいくつ表示されるか．

10) 英語の break の意味は何か．

11) for(j=1;j<=100;j++) {
   　　　i=j*j;
   　　　if(i>=50) break;
   }
   printf("%d¥n",j);
   で表示される数はいくつか．

12) 英語の continue の意味は何か．

13) for(j=1;j<=6;j++) {
   　　　if(j==5) continue;
   　　　printf("A");
   }
   で「A」はいくつ表示されるか．

14) 下の多重ループで「A」が何個表示されるか.
```
for(j=1;j<=3;j++) {
    for(i=1;i<=4;i++) printf("A");
}
```

15) 下の多重ループで「A」は何行何列に表示されるか.
```
for(j=1;j<=2;j++) {
    for(k=1;k<=3;k++) {
        printf("A");
    }
    printf("¥n");
}
```

問題 5-1 次のプログラムの実行結果を予測しなさい.

```
#include <stdio.h>
int main(void) {
    int i;
    i=0;
    while(i<5) {
        i++;
        printf("%d",i);
    }
    return 0;
}
```

```
#include <stdio.h>
int main(void) {
    double x=2.5;
    while(x<20.0) {
        x*=2.0;
        x-=1.0;
    }
    printf("%4.1f",x);
    return 0;
}
```

```
#include <stdio.h>
int main(void) {
    int i;
    i=8;
    do {
        printf("%d",i);
        i-=2;
    } while(i>0);
    return 0;
}
```

```
#include <stdio.h>
int main(void) {
    int j,sum=0;
    for(j=1;j<=10;j+=3) {
        sum+=j;
    }
    printf("%d",sum);
    return 0;
}
```

```
#include <stdio.h>
int main(void) {
    int i=0,n=0;
    while(i<10) {
        n+=i;
        i++;
        if(n>10) break;
    }
    printf("%d",i);
    return 0;
}
```

```
#include <stdio.h>
int main(void) {
    int j,k;
    for(j=1;j<=3;j++) {
        for(k=1;k<j;k++) printf(" ");
        for(k=j;k<=3;k++) printf("*");
        printf("¥n");
    }
    return 0;
}
```

問題 5-2　右のようにキーボードから入力した数から 0 までの数を並べて表示するプログラムを作りなさい.

```
─── 実行結果 ───
いくつ? 11
11 10 9 8 7 6 5 4 3 2 1 0
```

問題 5-3　キーボードから入力した整数に対して「偶数なら 2 で割る. 奇数なら 3 倍して 1 を加える」, これを 1 になるまで繰り返し表示するプログラムを作りなさい.

```
─── 実行結果 ───
いくつ? 7
22 11 34 17 52 26 13 40 20 10 5 16 8 4 2 1
```

注）これは, どんな数でも必ず 1 になると予想されているが証明はされていない. 有名な未解決の問題である.

問題 5-4　右のような結果になるよう, 次のプログラムの空欄を埋めて完成させなさい.

```c
#include <stdio.h>
int main(void) {
    int i,j;
    for(                    ) {
        for(                    ) {
            printf("%2d", j);
        }
        printf("¥n");
    }
    return 0;
}
```

```
─── 実行結果 ───
1 2 3 4 5
2 3 4 5 6
3 4 5 6 7
4 5 6 7 8
5 6 7 8 9
```

問題 5-5　問題 5-4 と同様に空欄の部分を書き加えて, 次のような実行結果になるようにしなさい.

```
─── 実行結果 ───
1
2 3
3 4 5
4 5 6 7
5 6 7 8 9
```

問題 5-6 右のように，キーボードから整数を入れて，その数が 1 なら「苺」，2 なら「人参」，3 なら「サンダル」，4 なら「ヨット」，それ以外は「わかりません」と表示するプログラムを作りなさい．そして，0 以下の数が入力されるまで何度でも繰り返すようにしなさい．

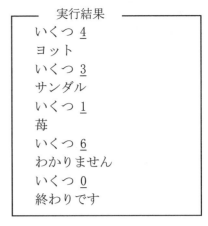

```
─── 実行結果 ───
いくつ 4
ヨット
いくつ 3
サンダル
いくつ 1
苺
いくつ 6
わかりません
いくつ 0
終わりです
```

問題 5-7 次のピタゴラスの定理に似た数式を満たす整数 a, b, c をみつけたい．

$$a^3 + b^3 = c^2 \qquad 0 < a < b, \quad 0 < c$$

たとえば $1^3 + 2^3 = 3^2$ であるが他にもあるだろうか。数学的に解くことは難しいので，いろいろな a, b, c の組み合わせを総当たりで計算してみる．そこで = が成り立つものだけを表示するというプログラムを作りたい．範囲を限定するために b は 100 以下とする．実行結果は右下のようになる．下のプログラムの空欄を埋めて完成させなさい．

```c
#include <stdio.h>
int main(void) {
    int a,b,c,s,t;
    for(a=1;a<=99;a++) {
        for(b=a+1;b<=100;b++) {
            s=a*a*a+b*b*b;



        }
    }
    return 0;
}
```

```
─── 実行結果 ───
1 2 3
2 46 312
4 8 24
7 21 98
9 18 81
10 65 525
11 37 228
14 70 588
16 32 192
22 26 168
25 50 375
28 84 784
33 88 847
36 72 648
49 98 1029
56 65 671
65 91 1014
```

配　列

6.1　1次元配列

例題 6.1

```
1    /*  example-6.1  */
2    #include <stdio.h>
3    int main(void) {
4        int i;
5        double r[5];
6        for(i=0;i<=4;i++) {
7            printf ("%d 番のデータ? ",i);
8            scanf ("%lf",&r[i]);
9        }
10       for(i=4;i>=0;i--) printf ("%8.1f",r[i]);
11       printf ("¥n");
12       return 0;
13   }
```

```
0 番のデータ? 31.6
1 番のデータ? 40.8
2 番のデータ? 57.1
3 番のデータ? 64.0
4 番のデータ? 75.2
    75.2    64.0    57.1    40.8    31.6
```

　例題 6.1 はキーボードから 5 個の実数を入力した後で, それらを入力したのと逆の順に並べ
るプログラムである (番号が 0 番から始まっているのが気になるかもしれないが, その理由は
後で述べる). ここで問題になるのは, 5 個のデータは後で表示するために全部記憶しておか
なければならないことだ. そのために**配列**というものを使う. 配列とは何か見ていこう.

　さて, プログラムで多くのデータを扱う場合, 値を記憶するためには多くの変数を使わなけ
ればならない. たとえば同種のデータが 100 個あるとしよう. これらを記憶するためには 100
個の変数が必要になる. しかし, それらに a, b, c, … というような変数名を付けていては非

常に面倒である．また，どの名前が何番目のデータなのかもわかりにくい．数学では同種の数値列を a_1, a_2, … と添字を付けて表す．Ｃ言語でもこれと同様なものがあり，それを配列という．Ｃ言語の配列は添字を[ ]で囲み，a[3]のように表す．要するに配列とは番号付きの変数だと考えればよい．例題の配列を箱にたとえれば次のようなイメージだろう．

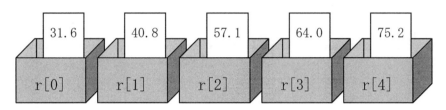

■ 配列

配列は複数個のデータを同じ名前で扱うもので，そのひとつひとつを**配列要素**という．配列要素は

配列名［添字］

のように書く．配列名は変数名と同じ規則（3.1節参照）で付ければよい．**添字**は何番目のデータであるかを表す整数で，具体的な数字の他に整数型の変数や式でもよい．たとえば a[k] と書いて，その時点で k の値が 5 ならば a[5]と同じことになる．また配列要素は，普通の変数と同じように scanf でキーボードから値を読み込むことができる（例題 6.1 の 8 行目）．

なお，添字の範囲は 1 からではなく，0 から始まる．そのため例題では 0 番から始めている．

配列要素の例

a[12]	array[k]	hairetsu[j*2+1]

■ 配列宣言

配列も普通の変数と同じように int 型，double 型のような型があるので，型の宣言をしなければならない．そして型の宣言と同時に，配列要素をいくつ使うのか（サイズ）を書いておく必要もある．配列宣言はたとえば

int a[100];

のように書く．[ ] 内に書かれた数が，使える配列要素の個数である．ここで注意しなければならないことは，これが添字の最大値ではなく，使える配列要素の個数であるということである．したがって，添字の最大は <u>[ ] 内の数−1</u> になる．たとえば上の a[100]の場合なら 0〜99 が使える添字の範囲になる．もし添字を 100 まで使いたいのなら a[101]と宣言しなければならない．例題 6.1 では double r[5] と宣言しているから，r[0]から r[4]まで使えることになる．なお，配列も変数の一種だから，宣言は普通の変数の宣言と一緒に行ってもかまわない．

配列宣言の例

```
double weight[101],height[101];
int array[20],m,n;
```
(他の変数と同時に宣言)

例題 6.2

```
1   /* example-6.2 */
2   #include <stdio.h>
3   int main(void) {
4       double x[7]={48.6,41.5,23.2,18.9,92.9,57.0,30.4},d,sum,av;
5       int i,count;
6       count=7;
7       sum=0;
8       for(i=0;i<count;i++) sum+=x[i];
9       av=sum/count;
10      printf(" データ    偏差¥n");
11      for(i=0;i<count;i++) {
12          d=x[i]-av;
13          printf("%8.2f%8.2f¥n",x[i],d);
14      }
15      printf("データ数=%2d  平均=%8.3f¥n",count,av);
16      return 0;
17  }
```

```
 データ    偏差
 48.60    3.96
 41.50   -3.14
 23.20  -21.44
 18.90  -25.74
 92.90   48.26
 57.00   12.36
 30.40  -14.24
データ数= 7  平均= 44.643
```

　例題 6.2 は実数データをプログラムの中で与え，それぞれの偏差（平均よりどれだけ大きい
か，小さいか）を求めるプログラムである．データは配列の初期値として与えてしまう（4行目）.
　また，平均を求めるときに配列の合計を計算しなければならないが，そのために，
sum=x[0]+x[1]+…+x[6]; などと書くのは大変である．そこで例題 5.7 でやったのと同じ方法
を使う．つまり，1 つの変数に次々に加えていくのである．この方法を使うときは繰り返しの
前に，合計を入れる変数を 0 にしておくことを忘れないように.

■ 配列の初期値

配列要素に1個ずつ代入で値を与えるというのは面倒だろう. 最初から値が与えられるのであれば, 宣言のときに初期値として与えることができる. 配列に初期値を与えるには

　　　　int a[6]={3, 1, 6, 7, 5, 8}

のように配列宣言の後に{ }で括り, 数値をコンマで区切って並べればよい. もちろん宣言する個数（[ ]内の数）と, 与える数値の個数は同じでなければならない. なお, 配列のサイズ（要素数）は省略できる. その場合のサイズは与えた初期値の個数で決まる.

配列の初期値設定例

double w[4]={2.3, 0.8, 7.5, 3.2};
int a[]={74, 2, 5, 65, 40, 84, 29, 4};　　　（サイズを省略）

Column

宣言の範囲を超えた添字

　　　int a[10];

と宣言したら, 使える添字の範囲は 0〜9 である. それにもかかわらず, a[10]を使ったらどうなるだろうか. 実は a[10]を使ってもコンパイルのときにはエラーにならないのである. コンパイラは配列の宣言に従って, メモリー上に a[0]から a[9]までの記憶場所を順に用意する. そして a[10]を使ったとすると, a[9]のすぐ後を a[10]と見なしてしまう. ところがメモリーのこの場所は, 配列 a のための記憶領域ではない. だから a[10]に値を代入すれば, 他の変数の値かプログラム領域を書き変えてしまうことになり, 非常に危険である.

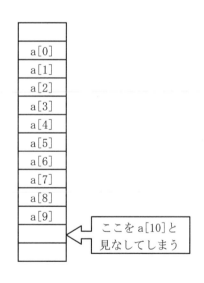

添字が a[10]のように具体的な数字であれば, 誤りの発見はまだ簡単である. しかし, a[k]のように変数あるいは式で書かれた添字は, その値が許された範囲を超えないような措置を施しておかないと, 誤りの発見が非常に困難になる.

　　　int k, a[10];
　　　scanf ("%d", &k);　　　　　*このようなプログラムは非常に危険である.*
　　　a[k]=1;　　　　　　　　　*← k が 0〜9 である保証は何もない.*

6.2　2次元配列

例題 6.3

```
1    /* example-6.3 */
2    #include <stdio.h>
3    int main(void) {
4        int x[4][3],i,j;
5    /* データ入力 */
6        for(i=0;i<=3;i++) {
7            for(j=0;j<=2;j++) {
8                printf ("%2d 行%2d 列のデータ ",i,j);
9                scanf ("%d",&x[i][j]);
10           }
11       }
12   /* 行列表示 */
13       for(i=0;i<=3;i++) {
14           for(j=0;j<=2;j++) printf ("%4d",x[i][j]);
15           printf ("¥n");
16       }
17       return 0;
18   }
```

```
0 行 0 列のデータ 13
0 行 1 列のデータ 17
0 行 2 列のデータ 26
1 行 0 列のデータ 11
1 行 1 列のデータ 2
1 行 2 列のデータ 24
2 行 0 列のデータ 22
2 行 1 列のデータ 41
2 行 2 列のデータ 5
3 行 0 列のデータ 9
3 行 1 列のデータ 16
3 行 2 列のデータ 19
  13   17   26
  11    2   24
  22   41    5
   9   16   19
```

例題 6.3 は，右の図のような 4 行 3 列の数表を想定している．
ここで行とは横方向の並び，列は縦方向の並びである．それでこ
のプログラムは，すべてのセル内の数をキーボードから入力する
と，表全体を表示している．

13	17	26
11	2	24
22	41	5
9	16	19

こういうときは数学で a_{11}, a_{12}, $\cdots$, a_{21}, $\cdots$, a_{43} というような
2 つの添字を付けるだろう．これと同じようなことは 2 次元配列
を使えばよい．添字が 2 つになること以外は，これまでの 1 次元
の配列と同じである．ただ，添字が増えた分混乱しやすいので，
それぞれの添字が何を表すかをはっきり把握しておかなければな
らない．

■ 2 次元配列

2 次元配列は添字が 2 つあり，それぞれを [ ] で囲む．たとえば a[2][3] とか b[m][n] のよう
に使う．宣言の仕方も 1 次元と同じで

```
double z[10][20];
```

のようにする．添字の最大が宣言に書いた数より 1 つ小さい点も同じである．

例題 6.4

```
1    /* example-6.4 */
2    #include <stdio.h>
3    int main(void) {
4        int p[3][5]={{72,58,69,94,78},{39,80,84,66,54},{97,88,54,81,36}},i,j;
5        double av,sum;
6        for(i=0;i<3;i++) {
7            printf("第%dグループ得点 : ",i+1);
8            sum=0.0;
9            for(j=0;j<5;j++) {
10               printf("%3d",p[i][j]);
11               sum+=p[i][j];
12           }
13           av=sum/5;
14           printf(" : 平均=%6.2f¥n",av);
15       }
16       return 0;
17   }
```

```
第1グループ得点 :  72 58 69 94 78 : 平均= 74.20
第2グループ得点 :  39 80 84 66 54 : 平均= 64.60
第3グループ得点 :  97 88 54 81 36 : 平均= 71.20
```

　このプログラムでは5人ずつの3グループの点数を2次元配列に記憶して，各グループの5人分の得点と平均点を表示している．ここでは点数のデータを2次元配列の初期化で与えている．

■ 2次元配列の初期化

　2次元配列 p[3][5] は5個のデータの集まりが3つあると考える．つまり配列の配列とみなせる．そこで初期化のためには5個のデータを {} で囲み，それを3つ並べてさらに {} で囲む．一般的には

　　　型 配列名[要素数][要素数]= {{要素の値,…},{要素の値,…},…,{要素の値,…}}

ここで，前の要素数は省略できるが，後ろの要素数は省略できない．

2次元配列初期化の例

int x[3][4]={{2,4,6,8},{1,3,5,7},{10,20,30,40}};
int z[][3]={{12,56,78},{22,46,67}};

問 題

ドリル　以下の問いに答えなさい. a, b は int 型変数とする.

1) int w[10]; と宣言すると配列要素はいくつ確保されるか.

2) int array[20]; と宣言すると, 添え字 (番号) はいくつからいくつまで使えるか.

3) double 型の配列を, 名前を cat として 20 個分確保する宣言はどう書くか.

4) int 型の配列を, 名前を dog として, 添え字を最大 10 まで使えるように宣言せよ.

5) int x[3]={11, 22, 33}; と初期値を与えて宣言すると, x[1]はいくつか.

6) int x[]={11, 22, 33, 44}; と初期値を与えて宣言すると, 配列 x のサイズはいくつか.

7) int j, w[4]={1, 3, 5, 7};
   for(j=0;j<4;j++) w[j]+=10;
   としたとき, w[2]の値はいくつか.

8) int j, ans, x[]={4, 6, 9, 13};
   j=3;
   ans=x[j-1];
   としたとき, 変数 ans の値はいくつか.

9) int p[2][2]={{1, 2}, {3, 4}}; と宣言したとき, p[0][1]はいくつか.

10) int q[][3]={{1, 2, 3}, {4, 5, 6}, {7, 8, 9}}; と宣言したとき, q[2][1]はいくつか.

問題 6-1　次のプログラムの実行結果を予測しなさい.

```
#include <stdio.h>
int main(void) {
    int p[5], m, s;
    for(m=0;m<5;m++) p[m]=2*m-1;
    s=p[4]-p[1];
    printf("%d\n", s);
    return 0;
}
```

```
#include <stdio.h>
int main(void) {
    int p[6], j;
    for(j=0;j<6;j++) p[j]=j;
    for(j=0;j<6;j+=2) {
        printf("%d%d", p[j+1], p[j]);
    }
    return 0;
}
```

```
#include <stdio.h>
int main(void) {
    int w[8], k;
    for(k=0;k<8;k+=2) w[k]=0;
    for(k=1;k<8;k+=2) w[k]=k;
    for(k=7;k>=0;k--) printf("%d", w[k]);
    return 0;
}
```

```
#include <stdio.h>
int main(void) {
    int a[3][3], i, j;
    for(i=0;i<3;i++) {
        for(j=0;j<3;j++) a[i][j]=3*i+j;
    }
    printf("%d\n", a[1][2]);
    return 0;
}
```

問題 6-2 キーボードから入力した 8 個の整数を，1 行に 2 個ずつ表示するプログラムを完成させなさい.

```
#include <stdio.h>
int main(void) {
    int x[8],i;
    for(i=0;i<=7;i++) {
        printf ("整数を入れて ");
        scanf ("%d",&x[i]);
    }
    for(i=0;[    ];[    ]) {
        printf ("%5d%5d¥n",[    ],[    ]);
    }
    return 0;
}
```

```
┌──── 実行結果 ─────┐
│ 整数を入れて 12      │
│ 整数を入れて 23      │
│ 整数を入れて 34      │
│ 整数を入れて 45      │
│ 整数を入れて 56      │
│ 整数を入れて 67      │
│ 整数を入れて 78      │
│ 整数を入れて 89      │
│     12    23        │
│     34    45        │
│     56    67        │
│     78    89        │
└─────────────────┘
```

問題 6-3 次のプログラムは，配列 x に与えられた整数を 50 以上か 50 未満で別の配列に分けて格納するものである. 空欄を埋めてプログラムを完成させなさい. ただし，配列の最後にはデータの終わりを表すために 0 を入れてある. 必要な変数や配列は追加して宣言してよい.

```
#include <stdio.h>
int main(void) {
    int x[13]={3,25,48,62,4,92,63,87,33,9,20,51,0},large[13],small[13],i;

    ┌─────────────────────────────────┐
    │                                         │
    │                                         │
    │                                         │
    └─────────────────────────────────┘

    i=0;
    while(large[i]!=0) {
        printf("%3d",large[i]);
        i++;
    }
    printf("¥n");
    i=0;
    while(small[i]!=0) {
        printf("%3d",small[i]);
        i++;
    }
    printf("¥n");
    return 0;
}
```

```
┌──── 実行結果 ─────┐
│ 62 92 63 87 51      │
│  3 25 48  4 33  9 20 │
└─────────────────┘
```

問題 6-4 サッカーで Team 0 から Team 4 までの 5 チームがリーグ戦（総当たり戦）を行った．そのとき各チームが対戦相手から取った点を 2 次元配列で下のように与える．

　　int p[5][5]={{0, 3, 4, 0, 2}, {3, 0, 2, 1, 1}, {2, 0, 0, 3, 1}, {4, 6, 2, 0, 2}, {1, 1, 2, 4, 0}};

　p[a][b] は Team a が Team b から取った点である．a と b が同じことはありえないので，その場合の点は 0 としてある．

　ここで，全試合結果を

　　Team 0 vs Team 1　　3 – 3
　　Team 0 vs Team 2　　4 – 2
　　　　　　　・
　　　　　　　・
　　　　　　　・
　　Team 4 vs Team 2　　2 – 1
　　Team 4 vs Team 3　　4 – 2

というように表示するプログラムを作りなさい．また，各チームの勝ち点を計算して表示するようにもしなさい．勝ち点とは勝ったとき 3 点，引き分けのとき 1 点，負けたとき 0 点として全試合について合計した点である．

文字と文字列

7.1　文字コード

例題 7.1

```
1   /*  example-7.1  */
2   #include <stdio.h>
3   int main(void) {
4       char m;
5       m=65;
6       printf ("%d\n",m);
7       printf ("%c\n",m);
8       m='B';
9       printf ("%d\n",m);
10      printf ("%c\n",m);
11      return 0;
12  }
```

```
65
A
66
B
```

　例題 7.1 は**文字コード**の使い方を説明するためのプログラムである．文字コードとは，文字に付けられた番号，つまり整数値であるが，それを文字として扱ったり数値として扱ったりすることができる．ここでは変数に「A」と「B」の文字コードを記憶させ，それを数値で表示したり文字として表示させたりしている．

■　文字コード

　コンピュータで扱う文字は主に 1 バイト文字と 2 バイト文字とに分けられる．1 バイト文字とはアルファベット，数字，特殊記号（+ − * / = ! ; など）でいわゆる半角文字と呼ばれるものである．また 2 バイト文字は日本では漢字や仮名などである．普通 1 バイト文字の 2 倍の幅

で表示されるので全角文字と呼ばれることもある．ここでは 1 バイト文字についてのみ扱う．

　まず，文字を扱う上で理解しておかなければならないことは，文字には文字コード（番号）が付けられていて，文字を記憶するということは，その文字コードを記憶することに他ならない．パソコンでは，**アスキーコード**（日本では **JIS コード**）という文字コードがあり，通常 0〜127 の範囲で使われる．文字とコードの対応は次の表のようになっている．

　この表には 31 以下と 127 のコードが出ていない．それらは文字としては表されない特殊な機能を持つものなので今は触れないが，必要ならば巻末の付録 4 を参照していただきたい．また，JIS コードでは 128 から 255 までの範囲にも半角のカタカナなどの文字を定義している．しかし，最近この範囲はあまり使われなくなっている．とくにインターネットではトラブルの原因となるため使わないことになっている．したがってここでも文字コードは 0〜127 に限定して話を進める．

文字コード

32		48	0	64	@	80	P	96	`	112	p
33	!	49	1	65	A	81	Q	97	a	113	q
34	″	50	2	66	B	82	R	98	b	114	r
35	#	51	3	67	C	83	S	99	c	115	s
36	$	52	4	68	D	84	T	100	d	116	t
37	%	53	5	69	E	85	U	101	e	117	u
38	&	54	6	70	F	86	V	102	f	118	v
39	’	55	7	71	G	87	W	103	g	119	w
40	(	56	8	72	H	88	X	104	h	120	x
41	)	57	9	73	I	89	Y	105	i	121	y
42	*	58	:	74	J	90	Z	106	j	122	z
43	+	59	;	75	K	91	[	107	k	123	{
44	,	60	<	76	L	92	¥	108	l	124	|
45	-	61	=	77	M	93	]	109	m	125	}
46	.	62	>	78	N	94	^	110	n	126	~
47	/	63	?	79	O	95	_	111	o	127	

注）32 はスペース，127 は DEL

■ char型変数

　文字コードは整数だから int 型の変数で記憶できる．しかし文字記憶用に char 型という型が用意されている（character は文字という意味）．何が違うかというと記憶容量である．char 型変数は int 型ほど大きい値を扱わないので，少ないメモリーで十分なのである．char 型変数の宣言は int 型や double 型と同じようにすればよい．つまり

        char a;

のようにすればよい．

■ ' ' による文字コード表現

　変数に文字を記憶させるには，文字コードの数値を代入すればよい．たとえば変数 a に文字「#」を記憶させるには「#」の文字コード 35 を

　　　　a=35;

のように代入する．しかし，すべての文字コードを覚えておくことは大変なので，

　　　　a='#';

というように文字を「'」で囲むと，その文字のコードを表すことになっている．

■ 文字の表示

　変数が記憶している文字コードは整数なので，たとえば変数 a に「#」の文字コード 35 が記憶されているとき

　　　　printf ("%d¥n", a);

とすると「35」と表示される．これを文字コードではなく文字として表示するには，変換指定子に「%d」の代わりに「%c」を使って次のように書く．

　　　　printf ("%c¥n", a);

　これでわかるように，変数はあくまでも整数値を記憶しているだけであり，printf の変換指定子に「%c」を使えば文字として表示できるということなのである．

 %c の c は character

Column

char 型は短い整数

char 型は int 型より短い（範囲の狭い）整数だと考えればよい．パソコンの C コンパイラの場合，これらの型の変数の記憶のために用意されるメモリーの量は

| int | 4 バイト | （2^{32} 種類の整数を記憶できる） |

ただし MS-DOS などでは 2 バイト（2^{16} 種類）

| char | 1 バイト | （2^8 種類の整数を記憶できる） |

となっている．char 型は単に記憶範囲が狭いというだけで，とくに文字専用というわけではない．char 型であっても int 型と同じように四則演算などの計算ができる．

signed と unsigned

char 型の変数を整数値として扱うとき，その範囲を次の 2 通りに設定できる．

| -128 ～ 127 | 符号付き |
| 0 ～ 255 | 符号なし |

どちらになるかは宣言によって決まる．

| signed char 変数名,...; | 符号付きの宣言 |
| unsigned char 変数名,...; | 符号なしの宣言 |

signed も unsigned も書かないときはコンパイラの設定によってどちらになるかが決まる．もっとも，128 以上の文字コードを使わないのであれば，どちらでも構わない．

7.2 文字列

例題 7.2

```
1    /*  example-7.2  */
2    #include <stdio.h>
3    int main(void) {
4        char st[6];
5        st[0]='P';
6        st[1]='a';
7        st[2]='n';
8        st[3]='d';
9        st[4]='a';
10       st[5]='¥0';
11       printf ("%s¥n", st);
12       return 0;
13   }
```

Panda

　例題 7.2 は，文字列の記憶の仕組みを説明するためのプログラムである．文字コードを char 型配列要素に 1 個ずつ記憶させて，まとめてそれを表示している．

■ 文字配列

　char 型の変数は 1 文字しか記憶できない．また C 言語では文字列型の変数というものはない．そこで文字列を記憶するには char 型の配列を使う．すなわち文字列の各々の文字コードを 1 つずつ配列要素の 0 番から順に格納していけばよい．ただし，文字列の最後には必ずヌルコード「'¥0'」を付けるという約束がある．文字列は必ずヌルコードが付くから，配列のサイズとしては文字数＋1 以上必要になるわけである．

　例題の配列のイメージは下のようになる．

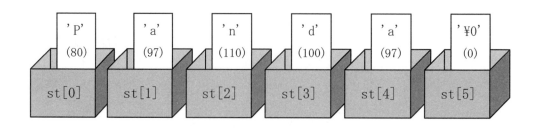

■ ヌルコード

　文字列の終りを表す**ヌルコード**は「'￥0'」と表す．しかし，その数値としての実体は 0（ゼロ）である．したがって単に「0」と書いてもたいてい問題はないが，文字列の終端の意味を明確にするためにこのように表す習慣になっている．また文字列の最後に付けるこのコードは，終端という意味でターミネータと呼ぶこともある．

　ところで，printf で表示する文字配列にヌルコードがないとどうなるだろうか．printf では，ヌルコードに出会うまで文字を表示し続けることになっている．配列の宣言したサイズは考慮されないので，ヌルコードがないと配列の終りを超えて文字を表示してしまう．その結果は，とんでもない文字を表示してプログラムの動作が狂ってしまうだろう．printf に限らず，C 言語では文字列はこのような約束で扱われることを覚えておこう．

 文字列の終わりは'￥0'

■ printfによる文字列の表示

　文字列を表示するときも printf を使う．その書き方は

　　　　printf（"%s",配列名）；

のようにして，変換指定子には「%s」を用いる．配列名の後に[ ]や添え字は書かない．その他は普通の変数の値を表示する場合と同じで，""の中に文字や「￥n」を入れることもできる．

　printf の例

printf("%s",moji);
printf("A=%s　B=%s￥n",str1,str2);

例題 7.3

```
1   /*  example-7.3  */
2   #include <stdio.h>
3   int main(void) {
4       char st[6];
5       st[0]='P';
6       st[1]='a';
7       st[2]='n';
8       st[3]='d';
9       st[4]='a';
10      st[5]='\0';
11      printf ("%s\n",st);
12      st[3]='\0';
13      printf ("%s\n",st);
14      st[0]='\0';
15      printf ("%s\n",st);
16      return 0;
17  }
```

```
Panda
Pan
```

　例題 7.3 は例題 7.2 に 4 行ばかり追加してある（12〜15 行目），文字列の途中にヌルコードを入れたらどうなるかの実験である．結果は見てのとおり，最初に現われるヌルコードの前までしか表示されない．このように，文字列は最初のヌルコードの前までという規則になっている．極端な場合として最初からヌルコードなら何も表示されない．

　だから，文字列は配列宣言のサイズを全部使う必要はなく，短くするのは自由である．逆に配列サイズを超えることは絶対に許されないから，文字列の長さが変わる場合は，最大を予測して，そのサイズあるいはそれより大きく配列宣言しておく必要がある．

 配列サイズは余裕をもって

例題 7.4

```
1    /*  example-7.4  */
2    #include <stdio.h>
3    int main(void) {
4        char st1[]="Giant Panda",st2[]="Lesser Panda";
5        printf ("%s and %s¥n",st1,st2);
6        return 0;
7    }
```

```
Giant Panda and Lesser Panda
```

char 型の配列は宣言と同時に文字列を与えることもできる．例題 7.4 はそれを示している．こうすれば配列要素に 1 つずつ代入をする必要はない．

■ 文字列の初期値設定

宣言と同時に初期値として与えるには

        char 配列名 [ ]="文字列";

とすればよい．このとき，[ ] の中に数を書かなくても，文字数に合わせて自動的に配列のサイズが決まる．また，'¥0'は "" の中に書かなくても文字列の最後に自動的に付加される．なお，初期値設定をした配列を後から変更することは自由である．

文字列初期値設定の例

char str[]="David Bowman";	
char names[30]="Frank Poole";	（文字数＋1 以上のサイズで宣言してもよい）
char w[4]={'C','A','T','¥0'};	（文字コードを並べる宣言でもよい）

Column

文字列を扱う関数

文字列は宣言時に初期値設定できるが，これはプログラムの最初でしかできない．そこで，どこででも配列に文字列を入れる方法として strcpy という関数がある．

これは

    strcpy(配列名,"文字列");

として文字の配列に文字列を一度で代入することができる.

　また，C言語には他にも文字列に関する仕事をする関数がたくさんある．たとえば文字列の長さ（文字数）を求めるには strlen という関数があり

　　　n=strlen（配列名）；

という使い方ができる．文字列関係の関数は str が付くものが多い．文字列のことを英語で string というからだ．なお，これらを使うためにはプログラムの始めに

　　　#include 〈string.h〉

と書いておく必要がある．詳しくは chapter8 で解説する.

例題 7.5

```
1   /*  example-7.5  */
2   #include <stdio.h>
3   int main(void) {
4       char st[80];
5       printf ("文字列を入れてください ");
6       scanf ("%s", st);
7       printf ("%s¥n", st);
8       return 0;
9   }
```

文字列を入れてください Lion
Lion

文字列を入れてください The Lion
The

　例題 7.5 は，文字列をキーボードから読み込んで，そのまま表示するプログラムである．これまでキーボードからの数値入力に scanf を使ってきたが，文字列の読み込みにも scanf が使える.

■ scanfによる文字列の入力

　変数の値を読み込むのと同じように，次のように scanf を使って文字列をキーボードから読み込むことができる.

```
scanf ("%s",配列名);
```

このときも変換指定子には「%s」を用いて，その後には文字列を格納する配列名を書くのであるが，配列名には「&」を付けないことに注意する．また，キーボードからの入力は Enter（Return）が入力された時点で読み込まれる．このとき文字列の最後に自動的にヌルコード（'¥0'）が付加される．さらに注意しなければならないのは，スペースも文字列の終りとみなされてしまうことである．例題 7.5 の 2 番目の実行結果を見るとわかるように，スペースから後ろは読み込まれていない．そのため，文字列の読み込みには scanf よりも次に説明する gets の方がよく使われる．

例題 7.6

```
1   /*  example-7.6  */
2   #include <stdio.h>
3   int main(void) {
4       char st[80];
5       printf ("文字列を入れてください  ");
6       gets(st);
7       printf ("%s¥n",st);
8       return 0;
9   }
```

```
文字列を入れてください This is a pen.
This is a pen.
```

例題 7.6 は，例題 7.5 と同じように，文字列をキーボードから読み込んで，ただそのまま表示するプログラムである．何が違うかは実行結果を見てのとおり，スペースもちゃんと読み込まれていることだ．その理由は，文字列の読み込みに scanf ではなくて，gets という関数を使っているからである．

■ gets

文字列をキーボードから読み込むには専用の関数 gets がある．gets は

```
gets(配列名)
```

のように使う．働きは「scanf ("%s",配列名)」とほとんど同じであるが，違うのは，入力する文字列は Enter の入力の前までという点である．したがって，文字列の途中にスペースが入っても文字列は切れない．

gets の例

```
gets(str);
```

例題 7.7

```
1   /*  example-7.7  */
2   #include <stdio.h>
3   int main(void) {
4       char st[80];
5       puts("文字列を入れてください  ");
6       gets(st);
7       puts(st);
8       return 0;
9   }
```

```
文字列を入れてください
This is a pen.
This is a pen.
```

例題 7.7 も，例題 7.6 と同じことをしている．異なっているのは文字の表示に printf を使わないで puts という関数を使っていることである．

■ puts

scanf に対して gets があったのと同じように，printf に対して puts という関数がある．puts は文字列を表示する専用の関数で，次のように使う．

　　　　puts(配列名);

これは「printf ("%s¥n",配列名)」と同じ働きをする．つまり文字列を表示して改行する．もちろん次のように，配列の替わりに具体的な文字列を書いてもよい．

　　　　puts("文字列");

これは「printf ("文字列¥n")」と同じ動作をする．つまり puts は必ず改行をしてしまう．

puts の例

```
puts(str);
```
```
puts("Hello");
```

例題 7.8

```
1   /* example-7.8 */
2   #include <stdio.h>
3   int main(void) {
4       char word[100];
5       int i;
6       printf("文字列を入れてください ");
7       gets(word);
8       i=0;
9       while(word[i]!='\0') i++;
10      while(i>0) {
11          i--;
12          putchar(word[i]);
13      }
14      putchar('\n');
15      return 0;
16  }
```

文字列を入れてください <u>Personal Computer</u>
retupmoC lanosreP

　例題 7.8 は入力した文字列を逆順に表示するプログラムである．8〜9 行目では，文字列の最後にヌルコードがあることを利用して，文字列の終りを探している．そして次の繰り返し（10〜13 行目）は逆に番号を減らしながら 1 文字ずつ表示している．この場合，先の繰り返しで i の値はヌルコードの位置の番号まで進んでいるので，i を先に 1 減らしてから表示している．

■ putchar

　puts は文字列を表示する関数であったが，putchar は 1 文字だけ表示する関数である．

　　　putchar(文字コード);

のように使う．したがって「文字コード」の部分は char 型変数や int 型変数（ただし文字コードの範囲）である．あるいは，putchar('A') のようにしてもよい．この場合 "A" ではなくて 'A' であることに注意しよう．

putchar の例

putchar(m);	（m は int 型か char 型の変数）
putchar('q');	
putchar('\n');	

Column

'' と ""

'' と "" は似ているようでまったく別のものである．' は 1 文字だけを囲んで，その文字コード（整数）を表す．たとえば 'A' は A の文字コードで具体的には 65 になる．一方，"" は文字列を囲むものである．"" で囲んだ文字列は，文字列リテラルと呼ばれ，文字列の文字コードの並びに '¥0' を付けてメモリーに記憶し，その記憶場所（アドレス）を与える．このことの詳細はあとの章で学習する．

例題 7.9

```
1   /*  example-7.9  */
2   #include <stdio.h>
3   int main(void) {
4       char st[100];
5       int i,d;
6       d='a'-'A';
7       printf("文字列を入れてください ");
8       gets(st);
9       i=0;
10      while(st[i]!='¥0') {
11          if (st[i]>='A' && st[i]<='Z') st[i]+=d;
12          i++;
13      }
14      puts(st);
15      return 0;
16  }
```

```
文字列を入れてください You Are 'No.7'
you are 'no.7'
```

例題 7.9 は，入力された文字列の中のアルファベットの大文字を，小文字に変えて表示するプログラムである．文字コード表を見ると同じ文字の大文字と小文字の間隔（差）はすべて同じになっている．だからたとえば「a」と「A」の文字コードの差がわかれば，その分を足したり引いたりして，大文字から小文字，あるいはその反対の変換ができる．

このプログラムでは，入力された文字列の文字を 1 字ずつ調べ，それが大文字（文字コードが 'A' から 'Z' まで）であれば，コードを（'a'-'A'）増やすことで小文字に変換している．

実際，'a' は 97，'A' は 65，'Z' は 90 であるが，これらの具体的な数値は知らなくてもプログラムを書くことはできる．また文字を'' で囲ったものは整数だから，'a'-'A'のような計算ができるのである．

scanf のトラブル

scanf と gets を混用すると思い通りに入力できないことがある．たとえば，数値と文字列を連続して入力するつもりで作った次のプログラムは動作がおかしい．

```
#include <stdio.h>
int main(void) {
    int m;
    char w[50];
    printf ("整数を入れて ");
    scanf ("%d",&m);
    printf ("文字列を入れて ");
    gets(w);
    printf ("整数=%d 文字列=%s¥n",m,w);
    return 0;
}
```

```
整数を入れて 567
文字列を入れて 整数=567 文字列=
```

scanf や gets のキー入力では，キーボードを押すとキーボードバッファという記憶領域にいったん蓄えられ，そこから必要な分だけ読み込みを行う．上の例では 567 と Enter をキー入力すると Enter は'¥n'（改行コード）としてキーボードバッファに入る．ところが scanf は 567 だけ読んで'¥n'はキーボードバッファに残す．そのため，続く gets はこの'¥n'だけを読んでしまい，配列 w は長さ 0 の文字列になってしまう．

この問題を避けるにはいくつか方法があるが，ひとつは scanf の次に

    fflush(stdin);

という文を入れる方法である．これはキーボードバッファに残っているデータを強制的にクリアさせるものである．

scanf はこれ以外にも例題 3.8 や例題 7.5 で見たように想定した型と違うものを入力した場合に問題が発生する．そのため「scanf は使うべきでない」という声もよく聞かれる。実際 scanf を使うと警告を出すコンパイラもある．しかし scanf を使わずに同じ処理を行うためには未学習の事柄が多いので，しばらく問題を承知の上で scanf を使うことにする．その後に脱 scanf を目指せばよい．

例題 7.10

```
1    /*  example-7.10  */
2    #include <stdio.h>
3    int main(void) {
4        int i,j;
5        char st[4][10];
6        for(i=0;i<4;i++) {
7            printf("%d番の文字列は ",i);
8            gets(st[i]);
9        }
10       for(i=0;i<4;i++) {
11           j=0;
12           while(st[i][j]!='¥0') j++;
13           printf("%s は%d文字です¥n",st[i],j);
14       }
15       return 0;
16   }
```

```
0番の文字列は Cat
1番の文字列は Panda
2番の文字列は Lion
3番の文字列は Dog
Cat は3文字です
Panda は5文字です
Lion は4文字です
Dog は3文字です
```

例題 7.10 はキーボードから 4 つの文字列を入力して，それぞれの文字列とその文字数を表示するプログラムである．ここでは 4 つの文字列を文字列の配列として扱っている．C 言語では文字列自体がすでに配列なので，文字列の配列は 2 次元配列になる．1 次元のときとの違いなどについて見ていこう．

■ 文字列の配列

文字列に番号を付けて扱いたいときは文字列の配列として使う．これは char 型の 2 次元配列とで表現することになる（5 行目）．2 次元配列なので以下のように添字が 2 つある．

配列名［添字 1］［添字 2］

そのとき添字 1（前の添字）は文字列の番号で，添字 2（後の添字）は各文字列の中での文字の順番となる．例題の 2 次元配列のイメージを図示すると次のようになる．

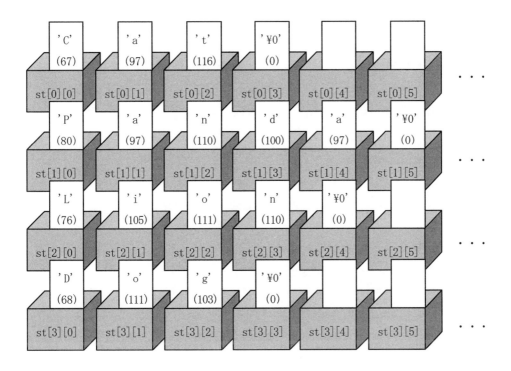

　つまり添字は文字列の番号が先にきて，それぞれの文字の並びの番号が後にくる．配列要素の1個1個が文字コードを記憶するのは1次元配列の場合と同じである．文字列の終わりに'¥0'が置かれるという規則も同じなので，文字列ごとに長さが違っていてもよい．ただし，どれも宣言したサイズを超えることはできない．

　また，printf や gets での書き方にも注意が必要である．1次元の場合は gets(配列名) とするだけでよかったが，2次元の場合は

　　　　gets(配列名[添字1])

と書いて何番目の文字列なのかを区別する（8行目）．printf で%s を使って文字列を表示したい場合も配列名の後の添字1は必要である（13 行目）．このあたりの事情は puts などでも同じである．なぜそうなるのかは9章でポインタについて学習すると明らかになる．

gets，puts などの使用例

gets(w[3])
gets(w[i])
puts(w[j+1])

（char w[5][20] のように2次元配列として宣言されている場合）

問 題

ドリル　以下の問いに答えなさい．m は char 型変数とする．

1) 0～127（10進）の文字コードを表すには最低何ビット必要か．

2) 8 ビットで正の整数だけ表すと，0 からいくつまで扱えるか．

3) A の文字コードは 65（10進）である．B のコードはいくつか．

4) char 型変数の記憶容量は何ビットか．

5) 'A' の値はいくつか．

6) ' を使ってスペース（空白）の文字コードを表せ．

7) 'Z'-'X' はいくつか．

8) moji という名前の char 型変数を宣言せよ．

9) int 型の変数に文字コードを記憶させてもよいか．

10) m='A'; とすると，変数 m にはいくつが代入されるか．

11) m='A'+2; とすると，変数 m にはいくつが代入されるか．

12) 11)の直後に，printf("%d",m); とするとどのように表示されるか．

13) 11)の直後に，printf("%c",m); とするとどのように表示されるか．

14) 11)の直後に，putchar(m); とするとどのように表示されるか．

15) char word[100]; と宣言すると何文字の文字列まで記憶できるか．

16) char s[]="CAT"; と宣言すると，s[2]の文字は何か．

17) 16)の配列 s のサイズはいくつか．

18) 16)の直後に，printf("%c",s[0]); とすると何が表示されるか．

19) 16)の直後に，puts(s); とすると何が表示されるか．

20) w が char 型配列のとき，gets(w); は何をするか．

問題 7-1　次のプログラムの実行結果を予測しなさい．

```
#include <stdio.h>
int main(void) {
    char a,b;
    a='S';
    b=a+2;
    printf("%c",b);
    printf("%d¥n",b);
    return 0;
}
```

```
#include <stdio.h>
int main(void) {
    int j;
    for(j='a';j<='g';j+=2) printf("%c",j);
    return 0;
}
```

```
#include <stdio.h>                    #include <stdio.h>
int main(void) {                      int main(void) {
    char s[5];                            char w[]="computer";
    s[1]='A';                             int j;
    s[3]='¥0';                            j=0;
    s[2]='B';                             while(w[j]<'u') j++;
    s[0]='C';                             w[j]='¥0';
    printf("%s¥n",s);                     puts(w);
    return 0;                             return 0;
}                                     }
```

問題 7-2 右のように文字コード（整数）を入力すると，その文字を表示するプログラムを作りなさい．ただし31以下と127以上は範囲外とする．

```
#include <stdio.h>

int main(void) {
    int m;
    printf ("整数 (32-126) ");
    scanf ("%d",&m);
    if (      &&      ) printf (                    );
    else printf ("範囲外です¥n");
    return 0;
}
```

実行結果
整数 (32-126) <u>68</u>
文字コード68はDです

整数 (32-126) <u>321</u>
範囲外です

問題 7-3 右のように文字列をキーボードから入力すると，文字数を表示するプログラムを作りなさい．

```
#include <stdio.h>
int main(void) {
    int n;
         w[100];
    printf ("文字列を入れて ");
    gets(w);
         ;
    while(w[n]!=     ) n++;
    printf ("%d 文字です¥n",n);
    return 0;
}
```

実行結果
文字列を入れて <u>Computer</u>
8文字です

問題 7-4 右のように文字列をキーボードから入力すると，各文字が 2 個ずつの文字列を表示するプログラムを作りなさい．

```
─── 実行結果 ───
文字列を入れて Panda
PPaannddaa
```

問題 7-5 右のようにコンマで区切った文字列を入力したとき，コンマを改行に変えて表示するプログラムを作りなさい．

```
─── 実行結果 ───
文字列を入れて One, two, three, GO!
One
two
three
GO!
```

問題 7-6 下のように，キーボードから入力された文字列の長さを等分にして 2 行に表示するプログラムを作りなさい．

```
─── 実行結果 ───
文字列を入れて Internet
Inte
rnet
```

```
─── 実行結果 ───
文字列を入れて Carbondioxide
Carbond
ioxide
```

問題 7-7 下のように，キーボードから入力された文字列をシーザー暗号にするプログラムを作りなさい．シーザー暗号とは，アルファベットの文字を A は B に，B は C にというようにずらすものである．ここでは文字コードの順に 1 つ後ろにずらすこととする．ただし，31 以下と 127 以上の文字コードは変化させない．また 126 は 32 に変える．

```
─── 実行結果 ───
文字列を入れて Internet2023
Joufsofu3134:
```

```
─── 実行結果 ───
文字列を入れて Tokyo~Paris!
Uplzp Qbsjt"
```

問題 7-8　下のように，キーボードから入力された文字列に含まれる 1 桁の数字をすべて足し算した値を求めるプログラムを作りなさい.

```
──── 実行結果 ────
文字列を入れて In3te2rn5et8
合計 18
```

```
──── 実行結果 ────
文字列を入れて Paris2024!
合計 8
```

問題 7-9　下のように，キーボードから入力された長い文字列を 8 文字ずつに分けて，行の先頭に行番号を付けて表示するプログラムを作りなさい.

```
──── 実行結果 ────
文字列を入れて In the town where I was born, lived a man who sailed to sea.
1 In the t
2 own wher
3 e I was
4 born, li
5 ved a ma
6 n who sa
7 iled to
8 sea.
```

関 数

8.1 標準関数とヘッダファイル

```
1   /*  example-8.1  */
2   #include <stdio.h>
3   #include <math.h>
4   int main(void) {
5       int k;
6       double a,b,c;
7       for(k=1;k<=6;k++) {
8           a=0.5*k;
9           b=sqrt(a);
10          c=pow(a,2);
11          printf ("%5.1f%8.4f%8.4f¥n",a,b,c);
12      }
13      return 0;
14  }
```

```
0.5   0.7071   0.2500
1.0   1.0000   1.0000
1.5   1.2247   2.2500
2.0   1.4142   4.0000
2.5   1.5811   6.2500
3.0   1.7321   9.0000
```

　関数電卓を使うと，ルートや三角関数その他いろいろな関数が計算できる．Ｃ言語でもそのようなことは簡単にできる．例題8.1は0.5〜3.0の0.5刻みの数について，その平方根と2乗の値を並べて表示するプログラムである．Ｃ言語には平方根を計算する sqrt という関数が用意されている．また累乗計算も pow という関数を使って行う．こうした関数の使い方を見ていこう．

■ 数学関数

　C言語のプログラムでは，ルートや累乗は関数という形で使えるようになっている．たとえば，平方根（ルート）を求める関数は sqrt で

　　　　　sqrt(x)

と書くと，x の平方根を計算することになる．ここで ( ) の中に書くものは**引数**^{ひきすう}という．引数は変数でも，式でも，具体的な数字でもよい．そして，普通は，この結果を変数に入れるために，たとえば

　　　　　a=sqrt(x);

のように書く．このとき，sqrt(x)の部分が実際には x の平方根で置き換えられる．だから，

　　　　　a=3.5*sqrt(x)+b;

のように使うこともできるわけである．

　例題ではもう1つ pow という関数も使われている．これは，

　　　　　pow(x,y)

のようにして，x^y を計算する．この関数には引数が2個ある．

sqrt と pow の例

y=sqrt(4.25);
y=sqrt(a+b)+sqrt(c+d);
z=2*pow(3.14,0.5);

　数学関数は，その種類によって関数の名前や引数に何を与えるかが決まっている．また求められる値（戻り値という）や引数の型も決まっている．数学関数には以下のようなものがある．

関数	戻り値	戻り値の型	引数の型
sqrt(x)	正の平方根	double	double （0≦x）
sin(x)	正弦	double	double （単位ラジアン）
cos(x)	余弦	double	double （単位ラジアン）
tan(x)	正接	double	double （単位ラジアン）
asin(x)	逆正弦（単位ラジアン）	double	double （-1≦x≦1）
acos(x)	逆余弦（単位ラジアン）	double	double （-1≦x≦1）
atan(x)	逆正接（単位ラジアン）	double	double
log(x)	自然対数	double	double （0<x）
log10(x)	常用対数	double	double （0<x）
exp(x)	指数（e^x）	double	double
fabs(x)	絶対値	double	double
floor(x)	x を超えない最大の整数値（[]）	double	double
ceil(x)	x より小さくない最小の整数値	double	double
pow(x,y)	x^y	double	double, double （x<0のとき y は整数）

なお，数学関数を使うにあたって重要な注意がある．それはプログラムの最初の部分に，

```
#include <math.h>
```

と書かいておかなければならないことである．「math.h」は「stdio.h」と同じヘッダファイル
というものである．

■ 関数

　関数とは，ひとまとまりの処理を行うプログラムの単位である．関数には**標準関数**と**ユーザ
ー関数**がある．標準関数はCコンパイラに始めから用意されているもので，プログラマはその
中身がどうなっているかは考えなくてもよい．ただし，それらを使う上では，関数の型や引数
の与え方などに若干の注意は必要である．これまで使ってきた printf, scanf, gets などはす
べて標準関数である．一方，ユーザー関数は自分で作成して使う関数である．これについては
後ほど説明する．

1）ヘッダファイル

　まず標準関数を使うには，関数に応じた**ヘッダファイル**（〜.h というファイル）を取り込
んでコンパイルする必要がある．これをヘッダファイルをインクルードするという．これまで
のプログラムで必ず「#include <stdio.h>」と書いたのは，printf や scanf がこのヘッダフ
ァイルを必要とするからである．

　どの関数にどのヘッダファイルが必要かは ANSI 規格で決められている．その一部を次の表
に示す．実際のCコンパイラにはこれら以外にも多くの関数が含まれている（Windows, UNIX
などの OS によって関数名が違ったり機能が異なる場合もある）．

stdio.h	（入出力関係）						
fclose	fopen	fgetc	fgets	fputc	fprintf	fputs	fread
fscanf	fwrite	getc	getchar	gets	printf	putc	putchar
puts	rewind	scanf	sprintf	sscanf 他			

math.h	（数学関数）								
acos	asin	atan	ceil	cos	exp	fabs	floor	log	log10
pow	sin	sqrt	tan 他						

string.h	（文字列処理）						
memchr	memcmp	memcpy	strchr	strcmp	strcpy	strlen 他	

ctype.h	（文字種）						
isalpha	isdigit	islower	isupper	isxdigit	tolower	toupper 他	

stdlib.h （メモリ処理，乱数他いろいろ）								
abort	abs	atof	atoi	atoll	calloc	exit	free	labs
rand	srand	malloc	qsort	realloc	他			

２）関数の型と戻り値，引数，副作用

関数は一般的に

関数名（引数）　　　　または　　　　関数名（引数，引数，…）

という形で呼び出す．そしてたいていの関数は呼び出されると，結果としてなんらかの値を与える．その値のことを**戻り値**といい，その値の型（int，double など）を**関数の型**という．**引数**は関数に渡すデータであり，定数，変数，式などを書く．引数の個数や型も関数によって決められているので，それに合致しないと正常な結果は得られない．たとえば数学関数の sin は，

y=sin(x);

のように用いる．この場合，引数 x は double 型（単位はラジアン）で，計算結果つまり戻り値の型も double 型と決まっている．

　数学関数では戻り値を求めることが目的であるが，それ以外の仕事をする関数も多い．たとえば printf の場合は「文字や数値を表示する」という作業を行う．このような，戻り値を求めること以外の作業を**副作用**と呼んでいる．この場合は副作用の方が主目的になっている．つまり，戻り値があってもそれを利用しないことも多いのである．

注）例外的に引数や戻り値を持たない関数もある．戻り値のない関数は void 型の関数という．

Column

void

　普通の関数は戻り値を求めることが目的であるが，もっぱら副作用ばかりを使う関数もある．printf や scanf はその代表である．ただ，printf や scanf にも戻り値があり，

n=printf("%d",a);　　　　　（表示した文字数）
n=scanf("%d",&b);　　　　　（読み込んだ値の個数）

のように戻り値を使うこともできるのである．しかし，もともと戻り値を持たない関数もある．そのような関数は void 型の関数という．void とは「空の」という意味である．

例題 8.2

```
1   /*  example-8.2  */
2   #include <stdio.h>
3   #include <string.h>
4   #include <ctype.h>
5   int main(void) {
6       char st[100];
7       int i,n,c_l,c_u,c_d;
8       printf ("文字列を入れてください ");
9       gets(st);
10      n=strlen(st);
11      c_l=c_u=c_d=0;
12      for(i=0;i<n;i++) {
13          if (islower(st[i])) c_l++;
14          if (isupper(st[i])) c_u++;
15          if (isdigit(st[i])) c_d++;
16      }
17      printf ("全文字数 %d  小文字 %d, 大文字 %d, 数字 %d¥n",n,c_l,c_u,c_d);
18      return 0;
19  }
```

文字列を入れてください <u>In 1859 Darwin published The Origin of Species.</u>
全文字数 47　小文字 30, 大文字 5, 数字 4

　例題 8.2 は入力された文字列の文字数，大文字の数，小文字の数，数字の数を数えるプログラムである．C 言語にはこのように文字処理を行うための標準関数がたくさんある．

■ 文字や文字列を扱う関数

　標準関数には数値計算だけでなく文字や文字列に関するものが非常に多い．たとえば，配列に入っている文字の数を調べたり，文字が大文字か小文字か数字かという区別を調べる関数である．そして，それらは string.h か ctype.h に入っているので，プログラムの最初にそれらのヘッダファイルをインクルードする必要がある．string とは文字列のこと，ctype は character（文字）の type（種類）という意味である．

■ strlen

　これは文字列の長さを求める関数で，引数に文字配列名を与えると文字数を整数で返す．このときの文字数にはヌルコード（'¥0'）は含まない．この関数を使うためには string.h が必要である（3 行目）．strlen は string length（文字列の長さ）の略．

関数名	戻り値	戻り値の型	引　数
strlen(x)	文字数（'￥0'を含まず）	int	char 型配列名
必要なヘッダファイル ： string.h			

■ islower, isupper, isdigit

　これらは引数に文字コードを与えると，それが小文字（lower case）か，大文字（upper case）か，数字（digit）かを調べる．もし，そうなら 0 でない値（普通は 1），違えば 0 を返す．戻り値がこのように決められているのは，そのまま論理値（真か偽）として使うことを考えているからである．つまり，

　　　　if (islower(x)) …

のように書ける．これは次のように書くのと同じ意味になる．

　　　　if (islower(x)!=0) …

　なお，これら以外にも文字種の判定の is～という関数がいくつかあるが，それらは ctype.h というヘッダファイルを必要とする．

関数名	戻り値	戻り値の型	引　数
islower(x)	英小文字なら非 0，それ以外は 0	int	文字コード
isupper(x)	英大文字なら非 0，それ以外は 0	int	文字コード
isalpha(x)	英字なら非 0，それ以外は 0	int	文字コード
isdigit(x)	数字なら非 0，それ以外は 0	int	文字コード
必要なヘッダファイル ： ctype.h			

Column

a=b=0

C言語では代入式も値を持つ. たとえば x=3 という式は代入した値 3 になるという
のだ. ためしに printf("%d",(x=3)) としてみると確かに 3 が表示される. a=b=0 で
a にも b にも 0 が代入されるのは, この性質で a=(b=0) とみなされるからである.

そこで問題. 次のプログラムの結果は①, ②, ③のどれになるか.

```
a=0;
if(a=0) printf("Yes"); else printf("No");
```

① Yes と表示される　　② No と表示される　　③ エラーになる

答えは②. if の条件の a=0 は代入なので 0 となり, 0 は偽とみなされる. if の条件
を a==0 と書くつもりで間違えて a=0 と書いてしまっても, 文法的には誤りではない
からエラーメッセージは出ないのである.

例題 8.3

```
1   /*  example-8.3  */
2   #include <stdio.h>
3   #include <string.h>
4   #include <ctype.h>
5   int main(void) {
6       char st[100];
7       int i,n;
8       printf ("文字列を入れてください ");
9       gets(st);
10      n=strlen(st);
11      for(i=0;i<n;i++) st[i]=toupper(st[i]);
12      printf ("すべて大文字で表示：%s¥n",st);
13      for(i=0;i<n;i++) st[i]=tolower(st[i]);
14      printf ("すべて小文字で表示：%s¥n",st);
15      return 0;
16  }
```

文字列を入れてください In 1876 Alexander Graham Bell invented the telephone.
すべて大文字で表示：IN 1876 ALEXANDER GRAHAM BELL INVENTED THE TELEPHONE.
すべて小文字で表示：in 1876 alexander graham bell invented the telephone.

　このプログラムはキーボードから入力された文字列のうち，アルファベットをすべて大文字にしたり，小文字にしたりして表示する．そのためには toupper, tolower など文字種を変換する関数を使う．プログラムの前半は例題8.2と同じである．

■ tolower, toupper

　tolower は，引数で与えられた文字がアルファベットの大文字であれば，小文字のコードを返す．それ以外の文字であれば，何も変えないでそのままのコードを返す．toupper は，逆に小文字を大文字に変換する関数である．これを使うにもヘッダファイル ctype.h が必要である．例題 7.9 でこれと同じことをしたが，この関数を使えばもっと簡単にプログラムを書けたのである．

関数名	戻り値	戻り値の型	引 数
tolower(x)	大文字は小文字化，それ以外はそのまま	int	文字コード
toupper(x)	小文字は大文字化，それ以外はそのまま	int	文字コード
必要なヘッダファイル ： ctype.h			

Column

Upper と Lower

　関数のisupper, tolowerなどに出てくるupper, lowerは，アルファベットの大文字をupper case，小文字をlower caseと呼ぶことからきている．upperとは「上の」，lowerとは「下の」という意味だが，大文字小文字とどういう関係があるのだろう．

　話は活版印刷の時代にさかのぼる．その頃は，1文字1文字の活字を並べて印刷に使用する版を作っていた．活字職人たちは活字を探しやすいように，大文字と小文字を別のケース（箱）に入れて作業をしていた．そしてわかりやすいように大文字のケースは上の方に，小文字のケースは下の方に置いていたのである．upper, lowerはその名残だといわれている．

　なお，機械式のタイプライターではシフトキーを押すと印字する部分が本当に上下に動く構造になっていて，これもupper, lowerのイメージに合っていた．

例題 8.4

```
1    /*  example-8.4  */
2    #include <stdio.h>
3    #include <string.h>
4    #include <ctype.h>
5    int main(void) {
6        int i,n,r;
7        char w1[30],w2[30];
8        printf("1つめの英単語を入れて ");
9        gets(w1);
10       printf("2つめの英単語を入れて ");
11       gets(w2);
12       i=0;
13       while(w1[i]!='\0') {
14           w1[i]=tolower(w1[i]);
15           i++;
16       }
17       i=0;
18       while(w2[i]!='\0') {
19           w2[i]=tolower(w2[i]);
20           i++;
21       }
22       r=strcmp(w1,w2);
23       if(r<0) printf("辞書では %s が %s より前にあります\n",w1,w2);
24       else if(r>0) printf("辞書では %s が %s より前にあります\n",w2,w1);
25       else printf("同じ単語です\n");
26       return 0;
27   }
```

1つめの英単語を入れて <u>international</u>
2つめの英単語を入れて <u>interesting</u>
辞書では interesting が international より前にあります

1つめの英単語を入れて <u>Elephant</u>
2つめの英単語を入れて <u>deer</u>
辞書では deer が elephant より前にあります

1つめの英単語を入れて <u>manmoth</u>
2つめの英単語を入れて <u>Manmoth</u>
同じ単語です

例題 8.4 は，2 つの単語をキーボードから入力して，辞書でどちらが先に現れるかを示すプログラムである．文字列の順を決めるためには strcmp という標準関数を使うが，これは文字コードで順番を決めるものである．

またこのプログラムでは，大文字でも小文字でも同じアルファベットとして扱うため，比較の前にすべてを小文字に変える処理も行っている（18〜21 行）．

■ strcmp

関数名は string compare（文字列比較）の意味で

      strcmp(文字列 1, 文字列 2)

と書くと文字コードを比較して，

      文字列 1 が先なら　負の値を
      文字列 2 が先なら　正の値を
      同じなら　　　　　　0

を返す．比較は先頭の文字から文字コードを基準にして，値の小さい方を先とみなす．文字コードが同じ場合は次の文字で比較する．これはアルファベットに限定すれば，辞書に現れる順と同じである．文字列 1，文字列 2 は char 型配列名か""で囲んだ文字列である．この関数を使うには string.h をインクルードする必要がある．

なお，戻り値の負の値，正の値の絶対値が何を表すかは何も規定されていないので，0 との大小関係だけを使うことになる．

strcmp の例

r=strcmp(w, "ABC");	(w は char 型配列)
if(strcmp(w,v)>0) …	(w と v は char 型配列)
if(strcmp("OS",a)) …	(a は char 型配列)

例題 8.5

```
1    /*  example-8.5  */
2    #include <stdio.h>
3    #include <string.h>
4    int main(void) {
5        char w1[30],w2[30],v[60]="",y[10];
6        int i;
7        printf("1 つめの単語を入れて ");
8        gets(w1);
9        printf("2 つめの単語を入れて ");
10       gets(w2);
11       printf("正順なら yes  逆順ならその他の文字を入れて ");
12       gets(y);
13       if(!strcmp(y,"yes")) {
14           strcat(v,w1);
15           strcat(v,w2);
16       }
17       else {
18           strcat(v,w2);
19           strcat(v,w1);
20       }
21       printf("連結した単語は %s ¥n",v);
22       return 0;
23   }
```

```
1 つめの単語を入れて George
2 つめの単語を入れて Washington
正順なら yes  逆順ならその他の文字を入れて yes
連結した単語は GeorgeWashington
```

```
1 つめの単語を入れて George
2 つめの単語を入れて Washington
正順なら yes  逆順ならその他の文字を入れて no
連結した単語は WashingtonGeorge
```

　例題 8.5 は，キーボードから入力した 2 つの文字列を連結して 1 つの文字列にして表示するプログラムである．ただし，入力したのと同じ順でつなぐか，逆の順でつなぐのかを問い合わせるようにしてある．

　文字列を連結するには strcat という標準関数を使う．また yes という文字列を入力したか確認するためには例題 8.4 で出てきた関数 strcmp を使っている．

■ strcat

関数名は string concatenate（文字列連結）の意味で，

   strcat(文字列 1, 文字列 2)

と書くと，文字列 1 に元の文字列 1 と文字列 2 を連結した文字列が入る．このとき文字列 1 には連結された文字列が入るので，char 型の配列であり，そのサイズは連結後の文字数より大きくなくてはならない．文字列 2 は配列であってもいいし，"ABC"のような具体的な文字列定数でもよい．

例題では配列 v（最初は空）に w1，w2 と順に連結するのか，w2，w1 の順で連結するのかという使い方をしている．1 度に 1 つの文字列しか連結できないが，strcat を繰り返して長い文字列にすることはできる．この関数を使うには string.h が必要である．

strcat の例

strcat(v, w);
strcat(v, "abcde");

  （v と w は char 型配列）

  （v は char 型配列）

■ if(!strcmp(y,"yes"))

strcmp は先の例題で説明したように，引数の 2 つの文字列の文字コード順でどちらが先かによって，負の数，0，正の数のどれかを返す．また ! は真偽の否定を表す演算子である．if の括弧の中は，0 なら偽，0 以外なら真と解釈されるので，!strcmp(y,"yes") は y と"yes"が同じなら 0 以外の数（真）になり，y と"yes"が異なれば 0（偽）となる．したがってこの if は

   if(strcmp(y,"yes")==0)

と書くのと同じ意味である．

Column

""（空文字列）

例題 8.5 の 5 行目のようにダブルクォーテーションを続けて書く，つまり何も囲まないで""と書くと空の文字列になる．これを配列で記憶するといきなり'¥0'になるが，これも立派な文字列であり，何も記憶されていない配列とは異なる．たとえ文字数が 0 であっても'¥0'で終わるのが文字列の約束である．

8.2 ユーザー関数

例題 8.6

```
1    /*  example-8.6  */
2    #include <stdio.h>
3
4    double en(double r);
5
6    int main(void) {
7        double hankei,menseki;
8        printf("半径を入れてください ");
9        scanf("%lf",&hankei);
10       menseki=en(hankei);
11       printf("面積は%8.2f です¥n",menseki);
12       return 0;
13   }
14
15   double en(double r) {
16       double s;
17       s=3.14159265*r*r;
18       return s;
19   }
```

```
半径を入れてください 12.3
面積は   475.29 です
```

例題 8.6 は，円の半径の値をキーボードから入力すると，円の面積を表示するプログラムである．このプログラムでは円の面積を計算する部分を en という名前の関数として書いてある．すなわち標準関数の sqrt などと同じように，en（半径の値）と書くだけで円の面積を求める関数を自分で作っている．

■ ユーザー関数の定義とプロトタイプ宣言

自分で作った関数を使う場合のプログラムの構成は，右図のようになる．関数の本体（関数の計算方法を書く部分）は，main 関数の後に別のブロックとして書く．また，その関数の名前，型，引数の宣言は main 関数の前にも書いておく．これを**プロトタイプ宣言**という．

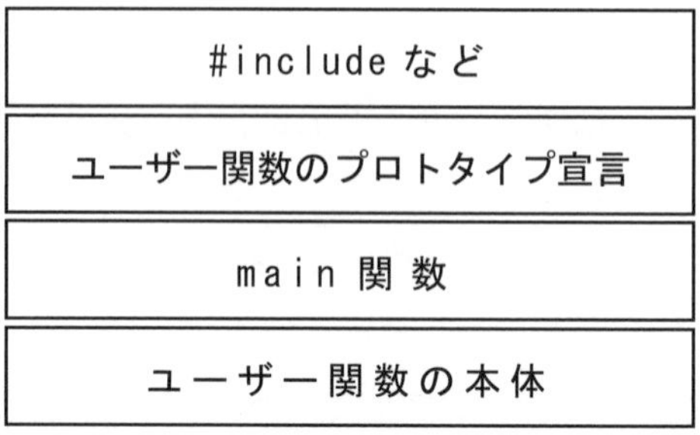

#include など
ユーザー関数のプロトタイプ宣言
main 関数
ユーザー関数の本体

1）プロトタイプ宣言

プロトタイプ宣言は次のように書く．

関数の型 関数名(void);	・・・ 引数がない
関数の型 関数名(引数の型 引数名);	・・・ 引数が 1 つ
関数の型 関数名(引数の型 引数名,引数の型 引数名,…);	・・・ 引数が複数

　関数の型とは，戻り値の型で int, double などである．戻り値のない関数では void とする．引数は，引数の型と名前を書く．この名前は何でもよく，後から実際に使う名前と異なっていてもよい．また名前を省略することもできるが，引数の意味を明らかにするためには名前が付いていた方がよいだろう．

プロトタイプ宣言の例

```
int func(void);
double calc(double x);
void display(int kosu, int tanka);
int sum(int, int, int);
```
（名前を省略した例）

2）関数本体

関数本体の書き方は次のようにする．

```
関数の型 関数名(引数の型と引数名の並び) {
    関数内で使う変数などの宣言
    関数で行う処理の内容
}
```

　初めの行は，プロトタイプ宣言で書くのと同じである．ただし，() 内に書く引数は**仮引数**（かりひきすう）と呼ばれ，受け取った値がその名前の変数に入ることを表す．そして，関数本体内ではこの変数名で値を参照することになる．したがって，ここではプロトタイプ宣言のように引数名を省略することはできない．例題 8.6 では r という変数が仮引数となっている．

3）戻り値の与え方 （return）

　return は，関数の戻り値を与えて関数の処理を終了する働きがある．

　　　return 式;

と書くと，式の値が戻り値になって，同時に関数の処理を終了し呼び出し側に戻る．ここで

「式」の部分には，定数，変数，計算式などを書くことができる．戻り値を必要としないとき（void 型の関数）は「式」は書かない．また，戻り値がなく，しかも関数の最後で戻る場合は return はなくてもよい（関数の最後の「}」で関数の処理は終了する）．また，return は関数プログラムの最後に現れるのが普通だが，途中にあってもよい．その場合はそこで関数の処理は終了する．

　これまで main 関数の終りに書いてきた return も同じものである．プログラムが実行されるということは OS から main 関数が呼び出されたということで，return により OS に戻る．0 を返すのは通常 0 が正常終了を表す約束になっているからだ．

return の例

return a+b;
return;

■ 引数による値渡し

　呼び出し側から，関数に値を渡すには引数を用いる．呼び出すときに書く引数は**実引数**といい，これに対して呼び出される関数の引数は仮引数という．関数が呼び出されると，実引数の値が仮引数にコピーされる．ここで注意すべきことは，値はコピーされるが入れ物は別ものであるという点である．たとえば，例題 8.6 の main 関数では変数 hankei を実引数として関数 en を呼び出し，関数側では変数 r が仮引数になっている．つまり hankei の値が r にコピーされる．

　したがって，実引数は値を持つものであれば何でもよく，変数以外に式や定数も書ける．それに対して，仮引数は値の受け皿であるから，必ず変数でなければならない．

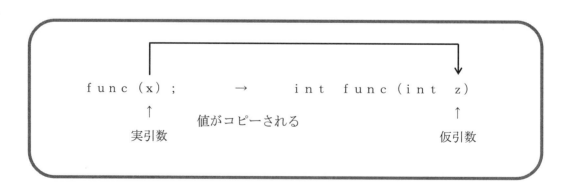

例題 8.7

```
1   /*  example-8.7  */
2   #include <stdio.h>
3   #include <math.h>
4
5   int post(double w);
6
7   int main(void) {
8       double weight;
9       int charge;
10      printf("重さを入れてください ");
11      scanf("%lf",&weight);
12      charge=post(weight);
13      if (charge==0) printf("エラーです¥n");
14      else printf("%d 円です¥n",charge);
15      return 0;
16  }
17
18  int post(double w) {
19      int t;
20      if (w<=0 || w>20) return 0;
21      t=ceil(w);
22      if (w<=5) return 600*t+1200;
23      if (w<=10) return 500*t+1700;
24      return 300*t+3700;
25  }
```

```
重さを入れてください 3.6
3600 円です
```

```
重さを入れてください 16.3
8800 円です
```

```
重さを入れてください 21.5
エラーです
```

例題 8.7 は，次のような小包郵便料金表に従って，重さを入力すると料金を答えるプログラムである．ここでは自分で post( )という関数を作って，（ ）の中に重さを入れると料金が計算されるようにしている（12 行目）．このようにすると，料金を計算する部分だけ分けて書くことになるので，処理の流れがわかりやすくなる．7～16 行目の main 関数は重さの入力と結果の表示だけであり，細かい計算は関数 post( )に任せているという形だ．

1kg まで	1800 円	6kg まで	4700 円	11kg まで	7000 円	16kg まで	8500 円
2kg まで	2400 円	7kg まで	5200 円	12kg まで	7300 円	17kg まで	8800 円
3kg まで	3000 円	8kg まで	5700 円	13kg まで	7600 円	18kg まで	9100 円
4kg まで	3600 円	9kg まで	6200 円	14kg まで	7900 円	19kg まで	9400 円
5kg まで	4200 円	10kg まで	6700 円	15kg まで	8200 円	20kg まで	9700 円

切り上げて $x$kg として，5kg まで $600x+1200$，〜10kg まで $500x+1700$，〜20kg まで $300x+3700$

例題 8.8

```
1    /* example-8.8 */
2    #include <stdio.h>
3
4    int input(void);
5    void smaller(int x, int y);
6
7    int main(void) {
8        int a, b;
9        a=input();
10       b=input();
11       smaller(a, b);
12       return 0;
13   }
14
15   int input(void) {
16       int v;
17       printf("整数を入れてください ");
18       scanf("%d", &v);
19       return v;
20   }
21
22   void smaller(int x, int y) {
23       int v;
24       if (x<y) v=x; else v=y;
25       printf("%d が小さい¥n", v);
26   }
```

```
整数を入れてください 12
整数を入れてください 7
7 が小さい
```

例題 8.8 は，2 つの整数をキーボードから入力して，小さい方を表示するというプログラムである．この程度の問題ならば，関数を使わなくてもプログラムを書けるが，仕事の単位ごとに関数に分ける例として示す．このプログラムの処理は

　　1）a の値をキーボードから入力する．
　　2）b の値をキーボードから入力する．
　　3）小さい方を表示する．

の 3 段階に分けられる．このうち 1）と 2）は同じ処理なので，input という 1 つの関数にまとめてある．3）は smaller という関数で行う．

　このようにすると，main 関数は処理の大筋を示すだけで，細かい処理は関数に任せることになる．大きいプログラムを書くときは，こうした処理の分割がプログラムをわかりやすくするための非常に有効な方法となる．

　さて，例題の関数 input は引数を持たない関数であることに注意しよう．

```
int input(void)
```

の（）内の void が引数がないことを表している．一方，smaller は戻り値のない関数である．

```
void smaller(int x,int y)
```

の先頭の void が戻り値なしを意味している．

■ 変数の独立性

　関数の中で宣言された変数は，その関数の中でしか使えない．また，他の関数に影響を与えることもない．たとえば例題 8.8 の main 関数で宣言されている変数 a と b は main 関数の中でしか使えない．したがって，必要な変数は関数ごとに宣言しなければならないのである．

　また，他の関数で同じ名前の変数を使ったとしても，それはまったく別のものとして扱われる．例題では，関数 input と関数 smaller の両方に v という名前の変数がある．しかし，これらはそれぞれ別の場所に記憶されるのでお互いに無関係である．つまり，一方の v の値を変えたとしても他方の v の値が変わるということはない．

　このように 1 つの関数の中だけで使われる変数を**ローカル変数**という．これとは反対に，どこからでも同じ名前で参照できる**グローバル変数**というものもあるが，それについてはあとで説明をする（9.4 節　グローバル変数　参照）．

例題 8.9

```
1    /*  example-8.9  */
2    #include <stdio.h>
3    #include <math.h>
4
5    double func(double x);
6    double fact(int n);
7    double turn(int m);
8
9    int main(void) {
10       double x,e;
11       printf("x の値を入力 ");
12       scanf("%lf",&x);
13       e=func(x);
14       printf("y=%9.4f",e);
15       return 0;
16   }
17
18   double func(double x){
19       int m;
20       double s;
21       s=0;
22       for(m=0;m<=15;m++) {
23           s+=turn(m)/fact(m)*pow(x,m);
24       }
25       return s;
26   }
27
28   double fact(int n) {
29       double s;
30       if(n<=1) return 1;
31       s=1;
32       while(n>1) {
33           s*=n;
34           n--;
35       }
36       return s;
37   }
38
39   double turn(int m) {
40       if(m%2==0) return 1.0; else return -1.0;
41   }
```

```
x の値を入力 1.5
y=    0.2231
```

このプログラムは次の計算を func という関数で計算するプログラムである[注].

$$\sum_{m=0}^{15}\frac{(-1)^m}{m!}x^m = \frac{1}{0!}-\frac{1}{1!}x+\frac{1}{2!}x^2-\frac{1}{3!}x^3+\cdots-\frac{1}{15!}x^{15}$$

ちょっと難しそうであるが，$(-1)^m$ は turn(m) という関数に，$m!$ は fact(m) という関数にしてしまえば，ほとんど数式どおりの書き方でプログラムを書くことができる．つまり，ひとまとまりの仕事は関数としてまとめて，関数の中から別の関数を呼び出すということをしている．

注） この式は e^{-x} を x のべき乗で級数展開したものである。

■ 関数の中で関数を使う

関数はその中で別の関数を呼び出すことができる．これは標準関数でもユーザー関数でもよい．さらに，呼び出されている関数の中で別の関数を呼び出すというように何重の呼び出しを行ってもかまわない．

■ 階乗の計算

$n!$ とは $n\times(n-1)\times\cdots\times1$ である．ただし n が 0 のときは $n!=1$ である．例題 8.9 ではこの計算を関数 fact が行っている．変数 s をはじめは 1 にしておいて，n が 2 以上なら，その数から順に 1 ずつ減らして掛け算をしていく．

数学的には階乗は整数であるが，ここでは double 型にしている．その理由は int 型では扱える範囲が小さく，12 より大きい数は計算できなくなってしまうからである(int 型が 32 ビットの場合)．

■ $(-1)^m$ の計算

$(-1)^m$ はもちろん標準関数の pow でも計算できるが，m が偶数なら 1，奇数なら −1 になるだけだから if 文 1 つだけで処理できる．

問 題

ドリル 以下の問いに答えなさい.

1) stdio.h や string.h のように#include に書くものは何ファイルと呼ばれるか.

2) #include … は main 関数の中に書いてもよいか.

3) 標準関数 printf や gets を使うために必要なヘッダファイルは何か.

4) 標準関数の sqrt を使うために必要なヘッダファイルは何か.

5) 標準関数の sqrt の関数の型は何か.

6) 標準関数の sqrt の引数の個数はいくつか.

7) 標準関数の sqrt の引数の型は何か.

8) 標準関数 printf の副作用は何か.

9) 標準関数 strlen は何を求める関数か.

10) 標準関数 strlen を使うのに必要なヘッダファイルは何か.

11) main 関数より前に, ユーザー関数の型, 名前, 引数を書いておくことを何というか.

12) 関数は戻り値を 2 つ持つことができるか.

13) 戻り値のない関数の型は何か.

14) int boo(double z); と宣言した関数の型は何か.

15) int coo(int a, char b); と宣言した関数の 2 番目の引数の型は何か.

16) ユーザー関数の中で別のユーザー関数を呼び出せるか.

17) main 関数内で宣言した変数と同じ名前の変数がユーザー関数にあってもよいか.

18) ユーザー関数で, 実行時に仮引数が受け取った値は変更してもよいか.

19) ユーザー関数の記述に複数の return が現れることはあるか.

20) 関数の中で宣言された変数は, ローカル変数, グローバル変数のどちらか.

問題 8-1 次のプログラムの実行結果を予測しなさい.

```
#include <stdio.h>
#include <math.h>
int main(void) {
    double a,y;
    a=2.5;
    y=pow(a,3)-5.0;
    printf ("%6.3f¥n",y);
    return 0;
}
```

```
#include <stdio.h>
#include <string.h>
int main(void) {
    char s[20];
    int n;
    strcpy(s,"Final Fantasy");
    n=strlen(s);
    printf ("%d¥n",n);
    return 0;
}
```

```
#include <stdio.h>
int boo(int t);
int main(void) {
    int a,k;
    a=4;
    k=boo(a)+boo(8);
    printf ("%d¥n",k);
    return 0;
}
int boo(int t) {
    int p,q;
    p=t*7;
    q=p%10;
    return q;
}
```

```
#include <stdio.h>
void coo(int n);
int main(void) {
    int i;
    for(i=1;i<=3;i++) coo(i*2-1);
    return 0;
}
void coo(int n) {
    int j;
    for(j=1;j<=n;j++) printf("*");
    printf("¥n");
}
```

問題 8-2　右のように，0.0 から 1.0 まで 0.1 ステップで x が変わるときの e^x を表示するプログラムを完成させなさい．

```
#include <stdio.h>
#include <        >
int main(void) {
    double x,y;
    int i;
    for(i=0;i<=10;i++) {
        x=0.1*i;
        y=      ;
        printf (            );
    }
    return 0;
}
```

実行結果
0.0 1.00000
0.1 1.10517
0.2 1.22140
0.3 1.34986
0.4 1.49182
0.5 1.64872
0.6 1.82212
0.7 2.01375
0.8 2.22554
0.9 2.45960
1.0 2.71828

問題 8-3　図のような三角形で 2 辺 a，b の長さと間の角(度)を与えると，残りの辺 c の長さを表示するプログラムを作りなさい．円周率は 3.14159265 とする．

ヒント

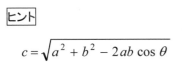

$$c = \sqrt{a^2 + b^2 - 2ab\cos\theta}$$

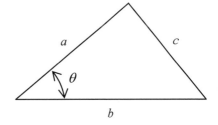

問題 8-4　キーボードから入力した数だけ*を並べて書くプログラムを，次のように関数を使って作りなさい.

```
#include <stdio.h>
┌──────┐ asterisk(┌──────┐);
int main(void) {
    int k;
    printf ("何個　");
    scanf ("%d",┌──────┐);
    asterisk(k);
    return 0;
}


┌──────┐ asterisk(┌──────┐) {
    ┌──────────────────┐
    │                  │
    │                  │
    └──────────────────┘
}
```

```
─── 実行結果 ───
┌─────────────────┐
│ 何個 8           │
│ ********         │
├─────────────────┤
│ 何個 5           │
│ *****            │
└─────────────────┘
```

問題 8-5　下のように，1, 2, 3 の中から確実に数値を入力させる関数を作りなさい.

```
#include <stdio.h>
┌──────────────────┐
│                  │
└──────────────────┘
int select123(void);
int main(void) {
    int n;
    n=select123();
    printf("%d を選んだ. \n",n);
    return 0;
}
int select123(void) {
    ┌──────────────────┐
    │                  │
    │                  │
    │                  │
    │                  │
    └──────────────────┘
}
```

```
─── 実行結果 ───
┌──────────────────────────────┐
│ 1～3 の数字を入れて下さい 1      │
│ 1 を選んだ.                    │
├──────────────────────────────┤
│ 1～3 の数字を入れて下さい 123456789012345 │
│   1 文字で入れて下さい          │
│ 1～3 の数字を入れて下さい p      │
│   数字ではありません.           │
│ 1～3 の数字を入れて下さい 7      │
│   範囲外の数です.               │
│ 1～3 の数字を入れて下さい 2      │
│ 2 を選んだ.                    │
└──────────────────────────────┘
```

ヒント　scanf は使わず gets で文字列として入力する.

問題 8-6　下のプログラムは西暦年数を入力すると閏年か平年かを答える．閏年を判定する
関数は int uruu(int y) で，y 年が閏年なら 1，平年なら 0 を返す．関数 uruu の部分を
完成させなさい．なお，閏年か否かの判定は以下のとおりである．
「年数 y が 4 の倍数なら閏年．ただし 100 の倍数なら平年，ただし 400 の倍数なら閏年」

```
#include <stdio.h>
int uruu(int y);
int main(void) {
    int y,x;
    printf("西暦何年 ");
    scanf("%d",&y);
    if(uruu(y)) printf("閏年¥n");
    else printf("平年¥n");
    return 0;
}
int uruu(int y) {



}
```

実行結果

西暦何年 <u>2015</u>
平年

西暦何年 <u>1996</u>
閏年

西暦何年 <u>2000</u>
閏年

西暦何年 <u>1900</u>
平年

問題 8-7　下のプログラムは西暦 y 年 m 月 d 日が存在するかどうかを調べる．関数 check は
引数 y，m，d を受け取って，正しい年月日なら 1 を，ありえない年月日なら 0 を返す．
関数 check を完成させなさい．なお関数 uruu は問題 8-6 と同じものである．

```
#include <stdio.h>
int check(int y, int m, int d);
int uruu(int y);
int main(void) {
    int y,m,d;
    printf("西暦の年月日 ");
    scanf("%d%d%d",&y,&m,&d);
    if(check(y,m,d)) printf("正しい年月日¥n");
    else printf("間違い¥n");
    return 0;
}
int check(int y, int m, int d) {



}
int uruu(int y) {



}
```

実行結果

西暦の年月日 <u>2019 9 21</u>
正しい年月日

西暦の年月日 <u>2020 4 31</u>
間違い

西暦の年月日 <u>1977 2 29</u>
間違い

西暦の年月日 <u>2000 2 29</u>
正しい年月日

西暦の年月日 <u>1801 0 29</u>
間違い

関数とポインタ

9.1　ポインタ

例題 9.1

```
1    /*  example-9.1  */
2    #include <stdio.h>
3    int main(void) {
4        int a,b;
5        int *p;
6        a=354;
7        p=&a;
8        b=*p;
9        printf ("a=%d b=%d *p=%d¥n",a,b,*p);
10       *p=111;
11       printf ("a=%d b=%d *p=%d¥n",a,b,*p);
12       return 0;
13   }
```

```
a=354 b=354 *p=354
a=111 b=354 *p=111
```

　例題 9.1 は**ポインタ**の使い方を示したプログラムである．ポインタは値を記憶するという意味では普通の変数と同じなのだが，メモリーの記憶場所を意識してデータを間接的に扱うために用いる．ポインタを使う目的の多くは，配列の操作と関数間の値の受け渡しである．このうち，配列の操作はたいていポインタを使わずにすませることも可能なので，初心者はあえてポインタを使う必要はない．しかし，関数間の値の授受についてはどうしてもポインタの知識が必要になるので，基本は理解してほしい．

■ ポインタ

　変数は宣言されると，その値を記憶する場所がメモリー上に割り当てられる．また，メモリー上の位置は**アドレス**（番地）と呼ばれる．変数を割り当てるアドレスはコンパイラが自動的

に決めるため，普通はプログラマにはわからないし，知る必要もない．しかし，それを使うと便利なことも多い．このアドレスを記憶するものがポインタなのである．そしてポインタが記憶しているアドレスのことを，ポインタが指すアドレスと表現する．英語で pointer とは「指し示すもの」の意味である．

ポインタはたとえば

        int *p;

のように宣言する．この文は p がポインタであり，p が指すアドレスには int 型の値が格納されることを表している．いい換えれば「p は int 型を指すポインタである」となる．

ポインタの宣言は誤解を招きやすい．宣言しているポインタは「p」であって「*p」ではないことに気をつけよう．また int はアドレスが int 型なのではなく，p の指すアドレスに記憶される値が int 型だと約束するのである．たとえば

        double *q;

なら q の指すアドレスには double 型の値が入ることを意味する．なぜそのような型の区別が必要かというと，「p の指すアドレスの中身」というような使い方をするからだ．そのときは「中身」の型がわからないと困る．

なお，2 つ以上のポインタを宣言するときは，それぞれの名前に * を付ける．また同じ型の普通の変数と同時に宣言してもよい．

ポインタ宣言の例

char *moji;
int *s,*t,u;

（s と t はポインタ，u は普通の変数）

■「&」と「*」

ポインタにアドレスを記憶させるには，たとえば

        p=&a;

のようにする（例題 9.1 の 7 行目）．こうすると，変数 a のアドレス（a の値が格納されているアドレス）が p に記憶される．ここで「&」は**アドレス演算子**と呼ばれるもので，& を付けるとその変数のアドレスを表すことになる．

次にアドレスは記憶しただけでは何の役にもたたないので，そのアドレスの内容（格納されている値）を取り出す必要がある．ポインタ p が指すアドレスの内容を表すには

        *p

と書く．「*」は**間接参照演算子**と呼ばれる（乗算と同じ記号だが無関係）．例題の 8 行目の

```
b=*p;
```

は，p の指すアドレスの内容を変数 b に代入する．ここで注意すべきことは，この * を付ける形は代入文の左辺にも使えるということである．例題の 10 行目の

```
*p=111;
```

では，p の指すアドレスの内容を 111 にする（111 を書き込む）という意味になる．

さて，例題 9.1 は少しややこしいのでプログラムがやっていることを整理してみよう．a と b は普通の変数で p がポインタである．今，仮に a，b，p の記憶場所のアドレスを AAAA，BBBB，PPPP として，下のメモリーの図も見ながら説明しよう．

① 4行目　：変数 a，b を宣言（記憶場所を確保）.
　5行目　：ポインタ p を宣言（記憶場所を確保）.
② 6行目　：a に値 354 を入れる.
③ 7行目　：p に a のアドレスを入れる.
④ 8行目　：b に p の指すアドレスに記憶されている値を入れる（この値は a の値，つまり354）.
　9行目　：a の値，b の値，p が指すアドレスに入っている値を表示（3つとも 354）.
⑤ 10行目：p が指すアドレスに 111 を入れる（a の値が 111 になる）.
　11行目：a の値，b の値，p が指すアドレスに入っている値を表示（a と *p は 111，b は変化なしで 354）.

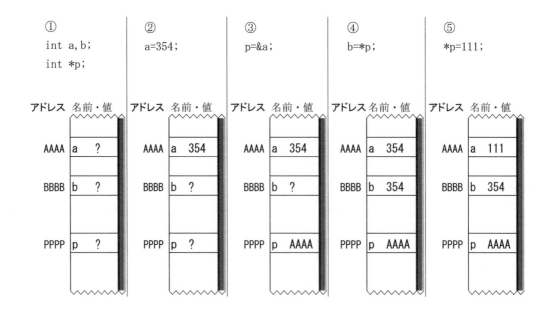

Column

メモリーとアドレス

　コンピュータのメモリーはバイト単位でアドレスが付けられる．たくさんあるメモリーのどこをどれだけ使うかはまず OS が管理していて，そして OS が許可した範囲内でコンパイラが記憶領域を割り当てる．&a とかポインタ p が記憶する値はアドレスである．となると，それが具体的に何番地になるのか気になるかもしれない．しかし，これはメモリーを直接操作するような高等な作業をする場合以外は知る必要がないのである．どうしても知りたければ

　　printf ("%p",&a);
　　printf ("%p",p);　　（p はポインタ）

とすれば表示される（16 進数で）．しかし変数のアドレスは，プログラムが同じでも環境によって変わるので具体的なアドレスを知っても意味がない．アドレスの管理はコンパイラに任せておけばよいのである．したがって，

　　p=1234;

というようなことをしてはいけない．ポインタにアドレスを代入するには必ず

　　p=&a;

のように既に確保されているアドレスを入れるようにしなければならない．また一度もアドレスが与えられていないポインタに対して

　　*p=54;

というような代入をしてはならないことも理解できるだろう．

9.2 配列とポインタ

例題 9.2

```
1   /*  example-9.2  */
2   #include <stdio.h>
3   int main(void) {
4       double *p, x[6]={165.3, 158.2, 174.0, 181.6, 167.7, -1.0};
5       p=x;                          /* p=&x[0] と同じ */
6       while(*p>0) {
7           printf ("%8.2f\n", *p);
8           p++;
9       }
10      return 0;
11  }
```

```
165.30
158.20
174.00
181.60
167.70
```

例題 9.2 はポインタを使って配列を扱う例である．配列は宣言したサイズだけ連続した記憶領域に記憶されるので，順番に処理するのであればポインタの指すアドレスを 1 つ分ずつ進めていく方法が使える．この例題では配列 x の要素を x[i] という添え字付きの書き方を使っていないことに注目してほしい．この方法は，初心者にとってはわかりにくいのであえてこのような方法で書く必要もないが，配列のアドレスの理解のためには知っておいた方がよい．

■ 配列のアドレス

配列は連続した領域に記憶されるので，その先頭のアドレスが重要である．配列の先頭アドレスを表すには，ただ配列の名前を書けばよい．また配列要素のアドレスは，普通の変数と同じように & を付ければよい．したがって配列名が x なら

    x   &x[0]

は，どちらも**先頭アドレス**を表すことになる．配列の先頭アドレスは関数の呼び出しで頻繁に使われるので，このことはしっかり覚えておこう．

scanf では通常，読み込む変数名に & を付けると習ってきたが，文字列を読むとき（%s の場合）は配列名に & を付けなかった．その理由が上で述べたことなのである．

■ ポインタの増減 ++ --

　ポインタに ++ や -- を使ってアドレスを 1 つ分増やしたり減らしたりすることができる（8 行目）．ここで 1 つ分といっているのは，1 バイトとは限らないためである．1 つ分とは char 型なら 1 バイト，int 型なら 4 バイト（Windows，UNIX 系），double 型なら 8 バイトである．だから ++ で 1 つ分アドレスを増やせば，どんな型の配列でも添字を 1 増やしたのと同じことになる．例題 9.2 では p++ でアドレスを進めているので，*p は繰り返しとともに x[0]，x[1]，x[2]，…と変わっていくことになる．

9.3　アドレス渡しによる関数の呼び出し

例題 9.3

```
1    /*  example-9.3  */
2    #include <stdio.h>
3
4    void addsub(int v, int w, int *px, int *py);
5
6    int main(void) {
7        int a,b,c,d;
8        a=12;   b=34;
9        addsub(a,b,&c,&d);
10       printf ("c=%d d=%d¥n",c,d);
11       return 0;
12   }
13
14   void addsub(int v, int w, int *px, int *py) {
15       *px=v+w;
16       *py=v-w;
17   }
```

```
c=46 d=-22
```

　例題 9.3 は関数を使って 2 つの整数の和と差を計算するプログラムである．関数は戻り値を 1 つしか持てないので，普通は関数で計算した結果は 1 つしか戻せない．しかし，ポインタを用いれば 2 つ以上の値を呼び出し側に戻すことができる．ポインタを使って間接的に値を渡す方法を見てみよう．

■ アドレス渡し

　アドレス渡しとは，関数の呼び出しでアドレス（ポインタ）を引数として渡すことである．そして，関数側でそのアドレスに値を書き込むことによって，呼び出し側の変数に値を与えることができる．例題 9.3 では 9 行目の関数呼び出しで，引数 &c と &d はアドレスである．このアドレスは関数 addsub 側ではポインタ px と py で受け取られ，15, 16行目のように，そのアドレスに値を書き込む．すると，main 関数の変数 c と d にその値が与えられることになる．アドレス渡しでは，ポインタが引数になるので，関数の宣言ではそれがポインタであることを示すために「*」を付けてあることに注意しよう（4, 14行目）.

　ところで，scanf を初めて説明したとき，変数には & を付ける約束になっていると述べたが，実はこれがアドレス渡しだったのである．

例題 9.4

```
1   /*  example-9.4  */
2   #include <stdio.h>
3
4   double sum(double *w);
5
6   int main(void) {
7       double s,x[4];
8       x[0]=2.4; x[1]=3.8; x[2]=6.2; x[3]=4.9;
9       s=sum(x);
10      printf("合計=%7.2f¥n",s);
11      return 0;
12  }
13
14  double sum(double *w) {
15      int j;
16      double y;
17      y=0;
18      for(j=0;j<=3;j++) y+=w[j];
19      return y;
20  }
```

```
合計=  17.30
```

　例題 9.4 は関数を使って配列要素の合計を求めるプログラムである．合計を計算するには配列の全要素がわからなければいけない．しかし，普通の変数を引数にするときのように 1 対 1

でコピーを作ることはしない．代わりに配列のアドレスを教えて，そこを使えという方法をとる．つまり配列のアドレスを関数に渡すことになる．

■ 配列を渡す

　配列は，その要素の順にメモリー上の連続した領域に記憶場所が確保される．そこで，配列を関数に渡すためには，その領域の始めのアドレスを渡せばよいのである．そこで重要となるのが「配列名はその先頭要素のアドレスを表す」という規則である．つまり配列名が x であれば，x は &x[0] に等しいということであった．例題 9.4 の 9 行目の関数呼び出しで，引数に書かれている x はアドレスである．そして，受け取る側では，それをポインタに記憶するが，それは配列としても使うことができるのである．例題では w というポインタでアドレスを受け取る．そして w に添字を付けて配列として使っている．

　なお，関数の宣言で引数が配列であることを明確にしたいときは，たとえば

```
double sum(double w[ ])
```

のように *w のかわりに w[] と書いてもよい．

　ところで，アドレスで配列を関数に渡すということは，例題の main 関数の中の配列 x と関数 sum の中の配列 w は同一のものになる．だから，関数 sum 側で w の要素の値を書き換えると，main 関数の x の要素の値を書き換えることになる．

　ここで 1 つ注意すべきことは，ポインタによって配列の先頭アドレスを渡しても，配列のサイズまで伝わるわけではないということ．配列のサイズも渡したいのであれば，別途 int 型の引数を作る必要がある．

アドレスとサイズを渡す例

```
void func(double *array,int size);

int main(void) {
        double x[25];
              ⋮
        func(x,25);
              ⋮
```

例題 9.5

```
1    /*  example-9.5  */
2    #include <stdio.h>
3    #include <string.h>
4
5    void reverse(char *w);
6
7    int main(void) {
8        char word[100];
9        printf("文字列を入れてください ");
10       gets(word);
11       reverse(word);
12       puts(word);
13       return 0;
14   }
15
16   void reverse(char *w) {
17       int n,i,j;
18       char t;
19       n=strlen(w);                         /* 文字列の長さ */
20       if(n<=1) return;
21       i=0;   j=n-1;
22       while(i<j) {
23           t=w[i];  w[i]=w[j];  w[j]=t;          /* w[i]とw[j]の交換 */
24           i++; j--;
25       }
26   }
```

```
文字列を入れてください HAL 9000 Computer
retupmoC 0009 LAH
```

例題 9.5 は関数を使って文字列を逆順にしている．関数 reverse 側は文字列（char 型配列）の先頭アドレスを受け取る．そして，そのアドレス以降に入っている文字コードを並べ換えているので，main 関数側から見ても配列 word の文字の順が変わることになる．

なお，このプログラムは例題 7.8 と似た処理をしている．違うのは，例題 7.8 が表示をするだけで配列を並べ換えていなかったのに対して，ここでは配列自体を並べ換えている点である．その手順は 21〜25 行で行われている．文字列の外から内側に向かって両端の 2 文字を入れ換えるという方法である．

9.4 グローバル変数

例題 9.6

```
1    /*  example-9.6  */
2    #include <stdio.h>
3
4    int x,y;
5
6    void addsub(int a, int b);
7
8    int main(void) {
9        int a,b;
10       a=35;
11       b=48;
12       addsub(a,b);
13       printf ("x=%d  y=%d¥n",x,y);
14       return 0;
15   }
16
17   void addsub(int a, int b) {
18       x=a+b;
19       y=a-b;
20   }
```

```
x=83  y=-13
```

　さて，ポインタとは直接関係しないが，値の渡し方の例としてグローバル変数について見
ておこう．例題 9.6 は関数を使って 2 数の和と差を求めるプログラムである．やっていること
は例題 9.3 と同じである．ただし，計算結果を返すのにグローバル変数を利用している．

■ グローバル変数

　グローバル変数とは，すべての関数から同じ名前で参照される変数であり，どこからでも参
照，代入ができ，その結果はすべての関数に影響する．グローバル変数は関数の外，すなわち
main 関数の前で宣言する（4 行目）．例題では x と y がグローバル変数で，main 関数からも
addsub 関数からも使うことができる．グローバル変数を使うと，このプログラムのように引
数なしで値の受け渡しができる．しかし，グローバル変数の多用は関数の独立性を失わせるの
で，安易に使うべきではない．

注）グローバル変数と同じ名前のローカル変数を宣言すると，ローカル変数が優先される．

9.5 コマンド引数

例題 9.7

```
1   /*  example-9.7  */
2   #include <stdio.h>
3   int main(int argc, char *argv[ ]) {
4       if (argc!=3) {
5           printf ("引数が2つ必要です¥n");
6           return 9;
7       }
8       printf ("コマンド名   :%s¥n",argv[0]);
9       printf ("第1引数     :%s¥n",argv[1]);
10      printf ("第2引数     :%s¥n",argv[2]);
11      return 0;
12  }
```

e9-7 Tom Jerry   （実行形式ファイルが e9-7.exe の場合）
- -
コマンド名   :e9-7
第1引数   :Tom
第2引数   :Jerry

e9-7
- -
引数が2つ必要です

　さて，UNIX でも Windows のコマンドプロンプトでもコンパイル，リンクしてできる実行形式プログラムは，コマンドと同等に扱われる．そして一般のコマンドと同様に**コマンド引数**（argument）を付けることができる．main 関数に

　　　int main(int argc, char *argv[ ])

と書くと，argc が引数の個数，argv が引数の文字列を受け取る．ただし，引数はコマンド名（実行形式ファイル名）が1つ目として，後に続く引数が2つ目，3つ目，… となる．たとえば例題 9.7 のプログラムを実行形式ファイル e9-7 として，

　　　e9_7 You Me

と入力したら，argc は3である．また char *argv[ ]となっているのは，これがポインタの配列であり，argv[ ][ ]という2次元配列に

argv[0][0] ←'e' argv[0][1] ←'9' argv[0][2] ←'_' argv[0][3] ←'7' argv[0][4] ←'¥0'

argv[1][0] ←'Y' argv[1][1] ←'o' argv[1][2] ←'u' argv[1][3] ←'¥0'

argv[2][0] ←'M' argv[2][1] ←'e' argv[2][2] ←'¥0'

のように文字が格納される注). argc や argv は別の名前にしてもかまわないが，慣例的にこの名前が使われている（argument count, argument value の略）．

　このように引数として受け取るのは文字だけであるが，文字を数値に変換する処理を加えれば数値を受け取ることもできる．

注） 上の例の argv[0]は，プログラムを実行するディレクトリにより変化することがある．

Column

Visual Studio でのコマンド引数の指定

　Visual Studio でコマンド引数を指定するためには，以下のように設定する．

1）「プロジェクト」メニューより「（プロジェクト名）のプロパティ」を選択する．

2）「構成プロパティ」内の「デバッグ」を選択する．

3）「コマンド引数」の欄に指定したい引数を入力する．

　例えば，「コマンド引数」の欄に「Tom Jerry」と入力して「OK」をクリックした後実行すれば，例題 9.7 の最初の実行例と同じ動作となる．

問 題

ドリル 以下の問いに答えなさい.

1) 英語の pointer とはどういう意味か.

2) p を int 型を指すポインタとして宣言せよ.

3) q を double 型を指すポインタとして宣言せよ.

4) int *a, b; と宣言すると, b はポインタかそれとも普通の変数か.

5) int 型変数 c のアドレスはどのように書くか.

6) ポインタ p の指すアドレスの内容（値）はどう書くか.

7) ポインタ q の指すアドレスに 値 12.3 を入れるにはどうするか.

8) ポインタ p に変数 c のアドレスを記憶させるにはどうするか.

9) int array[10]; と宣言された場合, 単に array と書くと, それは何を表すか.

10) int z[3]={11, 22, 33}; と宣言した場合, *z の値はいくつか.

11) 10)に続いて p=z; p++; とすると, *p の値はいくつか.

12) 下のプログラムのユーザー関数 func の型は何か.

```
#include <stdio.h>
void func(int a, int *q);
int main(void) {
    int s=234, r;
    func(s, &r);
    printf("%d¥n", r);
    return 0;
}
void func(int a, int *q) {
    *q=a+100;
}
```

13) 12)のプログラムで関数 func の第 2 引数に渡されるのは何か.

14) 12)のプログラムにおいて変数 s はグローバル変数か, ローカル変数か.

15) main 関数を int main(int argc, char *argv[ ]) としたら, argc は何を受け取るか.

問題 9-1 次のプログラムの実行結果を予測しなさい.

```
#include <stdio.h>
int main(void) {
    int a, b, *p;
    p=&a;
    *p=46;
    b=a-1;
    printf("%d¥n", b);
    return 0;
}
```

```
#include <stdio.h>
int main(void) {
    int a[]={4, 5, 6, 2, 7, 8, 6}, s, *q;
    q=a;
    while(*q>3)  q++;
    s=*q;
    printf("%d¥n", s);
    return 0;
}
```

```
#include <stdio.h>
int main(void) {
    int a,b,c,*p;
    a=35;
    b=16;
    p=&a;
    c=*p;
    *p=b;
    p=&c;
    b=*p;
    *p=a-b;
    printf ("%d¥n",c);
    return 0;
}
```

```
#include <stdio.h>
void func(int s,int *px,int *py);
int main(void) {
    int s,t,u;
    s=4;
    func(s,&t,&u);
    printf("%d %d¥n",t,u);
    return 0;
}
void func(int s,int *px,int *py) {
    *px=s*s;
    *py=s*s*s;
}
```

```
#include <stdio.h>
#include <string.h>
void ikesu(char *m);
int main(void) {
    char m[30];
    strcpy(m,"ichimi");
    ikesu(m);
    puts(m);
    return 0;
}
void ikesu(char *m) {
    while(*m!='¥0') {
        if(*m=='i') *m='*';
        m++;
    }
}
```

```
#include <stdio.h>
#include <math.h>
void keisan(void);
double c,d,e;
int main(void) {
    c=2.00;
    d=1.44;
    keisan();
    printf("%.1f¥n",e);
    return 0;
}
void keisan(void) {
    double t;
    t=c*c-d;
    e=sqrt(t);
}
```

問題 9-2 次のプログラムは関数 func で配列 x の要素の和を計算する．空欄を埋めなさい．

```
#include <stdio.h>
void func(int *y,[      ]);
int main(void) {
    int a,x[5]={3,5,6,2,7};
    func(&a,x);
    printf ("%d¥n",a);
    return 0;
}
void func(int *y,[      ]) {
    int i,s;
    s=0;
    for(i=0;i<5;i++) s+=x[i];
    [      ];
}
```

```
┌─── 実行結果 ───────┐
│ 23                 │
│                    │
│                    │
└────────────────────┘
```

問題 9-3 次のように文字列のスペースを削除する関数 delspc を作りなさい.

```
#include <stdio.h>
#include <string.h>
void delspc(          );
int main() {
    char w[50];
    strcpy(w,"In the land of grey and pink");
    delspc(w);
    puts(w);
    return 0;
}
void delspc(          ) {



}
```

実行結果

Inthelandofgreyandpink

問題 9-4 次のプログラムをコンパイルして, mon94 としてコマンド引数をいろいろ変えて
実行したら右下のようになった. プログラムの空欄を埋めなさい.

```
#include <stdio.h>
int main(int argc, char *argv[]) {
    int n;
    if(          <2) {
        printf("パラメータが必要です\n");
        return 1;
    }
    n=          ;
    switch(n) {
        case 1  : printf("おはよう\n");
                  break;
        case 2  : printf("こんにちは\n");
                  break;
        case 3  : printf("こんばんは\n");
                  break;
        default :          ;
    }
    return 0;
}
```

実行結果

mon94 1

おはよう

実行結果

mon94 2

こんにちは

実行結果

mon94 3

こんばんは

実行結果

mon94 4

１２３以外は無効

実行結果

mon94

パラメータが必要です

問題 9-5 次のように，配列のデータとその個数を与えて標準偏差を計算する関数 sd を作りなさい．標準偏差は下の式とする．

$$\sqrt{\dfrac{\sum_0^{n-1}\left(x_i-\bar{x}\right)^2}{n}}$$ x_i：データ，n：データ数

```
#include <stdio.h>
#include <math.h>
double sd(double *x, int size);
int main(void) {
    double u[6]={3.15, 6.55, 1.07, 8.16, 6.84, 5.63},
           v[8]={6.53, 7.02, 5.88, 5.39, 6.20, 4.79, 3.91, 6.67}, z;
    z=sd(u,6);
    printf("u の標準偏差=%.2f\n",z);
    z=sd(v,8);
    printf("v の標準偏差=%.2f\n",z);
    return 0;
}
double sd(double *x, int size) {



}
```

実行結果

u の標準偏差=2.41

v の標準偏差=0.98

問題 9-6 問題 9-5 の関数 sd に第 3 の引数 type を加え，type が 0 なら問題 9-5 と同じ計算方法，type が 0 以外なら次式で計算するような関数 sd2 を作りなさい．

$$\sqrt{\dfrac{\sum_0^{n-1}\left(x_i-\bar{x}\right)^2}{n-1}}$$ x_i：データ，n：データ数

```
#include <stdio.h>
#include <math.h>
double sd2(double *x, int size, int type);
int main(void) {
    double u[6]={3.15, 6.55, 1.07, 8.16, 6.84, 5.63},
           v[8]={6.53, 7.02, 5.88, 5.39, 6.20, 4.79, 3.91, 6.67}, z;
    z=sd2(u,6,1);
    printf("u の標準偏差=%.2f\n",z);
    z=sd2(v,8,0);
    printf("v の標準偏差=%.2f\n",z);
    return 0;
}
double sd2(double *x, int size, int type) {



}
```

実行結果

u の標準偏差=2.63

v の標準偏差=0.98

ファイルの扱い

10.1 ファイルからの読み込み

例題 10.1

```
1   /* example-10.1 */
2   #include <stdio.h>
3   int main(void) {
4       int x;
5       FILE *f;
6       f=fopen("data1.txt","r");
7       if (f==NULL) {
8           printf ("オープンできません¥n");
9           return 9;
10      }
11      fscanf (f,"%d",&x);
12      printf ("x=%d¥n",x);
13      fclose(f);
14      return 0;
15  }
```

x=3562

ファイル data1.txt の内容	
1	3562

　プログラムで変数に値を与えるには，代入式を書くか実行時にキーボードから入力するのが一般的である．しかし，別の方法として，前もってデータをファイルに書き込んでおいて，プログラムでそれを読み込むという方法が考えられる．この方法は同じデータを繰り返し使ったり，複数の人が同じデータを共有するのには便利である．また，文字や数値の出力は画面への出力が普通であるが，これをファイルに納めることもできる．そして，さらにそれを別のプログラムが読み込むということも可能である．

　C言語で扱えるファイルには，データを前から順に読み書きする**シーケンシャルファイル**

と，自由な順番で読み書きできる**ランダムアクセスファイル**がある．また，データの形式として**テキストファイル**と**バイナリファイル**がある．ここではシーケンシャルのテキストファイルについて学習しよう．

例題 10.1 はファイルに書かれている 1 つの整数を読み込んで，それを画面に表示するプログラムである．このファイルはプログラムのファイルとは別に用意されていて，名前は「data1.txt」とする．この中には前ページのように 3562 という数が書いてあるとしよう．したがってプログラムを実行する前に，このファイルをエディタで作成し，プログラムと同じディレクトリ（フォルダ）に保存しておく．

■ ファイルを扱う手順

ファイルは読むにしても書くにしても，次のような手順を踏まなければならない．
- 1）ファイルポインタの宣言 → FILE で宣言
- 2）ファイルを開く（オープンする） → fopen
- 3）ファイルを使う（読み込みまたは書き出し） → fscanf, fprintf など
- 4）ファイルを閉じる（クローズする） → fclose

■ ファイルポインタ

ファイルを扱うためには**ファイルポインタ**を使わなければならない．これはファイルを識別するための標識のようなもので，次のように FILE 型として宣言する．「FILE」は必ず大文字で書く．

FILE　*ポインタ名

FILE 型というのは，int や double のような数値の型ではなくて構造体というものだが，それを直接扱うことはないので内容を知る必要はない．

ファイルポインタ宣言の例

FILE *g;
FILE *infile,*outfile;

（同時に 2 つのファイルを扱う場合）

■ fopen

プログラムでファイルを扱える状態にすることを，ファイルを**オープン**する（開く）という．ファイルのオープンは，fopen を用いて次のようにする．

ファイルポインタ＝fopen("ファイル名","モード")

ここでファイル名はオープンするファイル名である（この部分はファイル名が格納された文字配列名でもよい）．また，**モード**というのはファイルをどのように扱うかの区別で，右の表のように読み込み用なら「r」，書き込み用なら「w」などとす

モード	文字
読み込み・read	r
書き込み・write	w
追加書き込み・append	a

る．このように，fopen の戻り値をファイルポインタに与えれば，以後ファイルポインタがファイルのアクセス場所の識別標識として使えるようになる．

ただし，オープンに失敗した場合の戻り値は NULL（どこも指さないポインタ）である．オープンの失敗というのはよく起こることである．たとえばファイル名を間違えたために，そのファイルが見つからない場合である．したがって，ファイルのオープンの際には必ず戻り値を調べてオープンが成功したことを確認しなければならない．例題では fopen が失敗したら「オープンできません」と表示してプログラムを終了するようになっている（戻り値9は正常終了でないことを表す）．

なお，この処理は決まって行われるので，

if ((f=fopen("data1.txt","r"))==NULL) {

というように if の条件式に fopen を書いてしまうことが多い．これは代入式が代入された値を表すという性質を利用している．

■ fscanf

fscanf はファイルから値を読み込む関数で，ファイルポインタを指定すること以外は scanf と同じ使い方である．

fscanf（ファイルポインタ，"書式"，変数のアドレス，…）

fscanf が読むデータは，scanf に対してキーボードから与えるデータとほとんど同じように扱われる．すなわち，データとデータの区切りはスペースか改行である．またデータの読み込みはファイルの先頭から順に行われる．したがって，読み飛ばしたいデータでも読み込まなければ次のデータを読むことはできないし，後戻りして読み直すこともできない（ファイルの先頭に戻すことは可能）．

fscanf の例

```
fscanf (f,"%d",&k);
fscanf (file1,"%lf%lf",&t,&u);
```

■ fclose

ファイルは使い終わった後には必ず閉じる（**クローズ**する）．これは次のように書けばよい．

　　　　fclose(ファイルポインタ)

■ ファイル名とパス

　例題 10.1 の fopen では，開くファイルはこのプログラムが実行されるディレクトリに置かれているとしているので「data1.txt」のように単純にファイル名を書けばよい．しかし他のディレクトリのファイルを開くには，ファイル名にパスを付けて場所を示さなければならない．

　パスとはディレクトリをたどる道筋のことである．最上位のディレクトリからの道筋は絶対パスといい Windows（MS-DOS）では以下のように書く．

　　　　ドライブレター：¥ディレクトリ名¥ディレクトリ名¥・・・¥ファイル名

例えば，C ドライブのディレクトリ work の中のディレクトリ data の中のファイル x.txt なら

　　　　C:¥work¥data¥x.txt

となる．

　もうひとつ，相対パスという書き方もある。それはプログラムが実行されるディレクトリ（カレントディレクトリ）を「.」で表し，そこからのパスを書く．もしプログラムが上の例のディレクトリ work 内で実行されるなら

　　　　.¥data¥x.txt

となる．

　どちらを使ってもよいが，ディレクトリ構造が複雑だと間違いを起こしやすいので，練習の段階ではデータファイルを実行プログラムと同じディレクトリに置くことを勧める．

　あとひとつ注意する点は，fopen の中のファイル名として書く場合，パスの中の「¥」は「¥¥」とふたつ書かなければいけないことである．

パスを付けた fopen の例

```
f=fopen("C:¥¥work¥¥%data¥¥x.txt","r");
f=fopen(".¥¥subdir¥¥test.dat","w");
```

　なお，Unix 系の OS（Linux や MacOS）ではドライブレターが無く，「¥」の代わりに「/」を使う．

例題 10.2

```
1   /*  example-10.2  */
2   #include <stdio.h>
3   int main(void) {
4       int x, sum;
5       FILE *f;
6       if ((f=fopen("data2.txt","r"))==NULL) {
7           printf("オープンできません¥n");
8           return 1;
9       }
10      sum=0;
11      while(fscanf (f,"%d",&x)!=EOF)  sum+=x;
12      fclose(f);
13      printf ("合計=%d¥n", sum);
14      return 0;
15  }
```

合計=373

ファイル data2.txt の内容
1   35 45 81 70 39 62 29 12

　例題 10.2 もファイルから整数を読み込むプログラムであるが，今度は複数の数値を繰り返し読み込み，合計を計算している．繰り返しファイルから読む場合は何回読むかが問題になる．初めから個数がわかっていれば問題はない．しかしわからないときは「読むデータがなくなったら終り」としておけばよい．fscanf は読み込めなかったことを戻り値で知らせるのでそれを利用するのである．

■ fscanfの戻り値

　fscanf の戻り値は読み込んだ値の個数となる．また，ファイルの終りに達して読み込みに失敗したときの戻り値はEOF（End Of File のことで，値としては-1）となる．これを利用して

　　　　while(fscanf (…)!=EOF)

という使い方ができる．while の()の中に「fscanf (…)!=EOF」という条件を書くとともに，そこで fscanf の呼び出しも行われているわけである．

　なお，fscanf の読むデータの区切りは，スペースか改行である．

Column

Visual Studio でファイルを扱うには

Visual Studio でプログラムを作成している場合は，読み込みたいファイルをプロジェクトのディレクトリに保存する必要がある．以下の操作でプロジェクトのディレクトリを表示することができる．

1）「ソリューション エクスプローラー」に表示されているプロジェクト名を右クリックする．

2）メニューより「エクスプローラーでフォルダーを開く」を選択する．

プログラムで読み込みたいファイルを表示されたフォルダー内にコピーすればよい．10.2 節のファイルの書き込みで作成されるファイルも同じフォルダー内に保存される．

例題 10.3

```
1    /*  example-10.3  */
2    #include <stdio.h>
3    int main(void) {
4        int count;
5        char line[200],fname[50];
6        FILE *f;
7        printf ("ファイル名を入れてください ");
8        gets(fname);
9        if ((f=fopen(fname,"r"))==NULL) {
10           printf ("オープンできません¥n");
11           return 1;
12       }
13       count=0;
14       while(fgets(line,200,f)!=NULL) {
15           count++;
16           printf ("%04d:%s",count,line);
17       }
18       fclose(f);
19       return 0;
20   }
```

```
ファイル名を入れてください e10-3.c
0001:/*  example-10.3  */
0002:#include <stdio.h>
0003:int main(void) {
0004:    int count;
0005:    char line[200],fname[50];
0006:    FILE *f;
              ・
              ・
              ・
0017:    }
0018:    fclose(f);
0019:    return 0;
0020:}
```

　例題 10.3 はファイルのテキスト（文字列）を読み込んで，それぞれの行の先頭に行番号を付けて表示するプログラムである．読み込むファイルの名前は，プログラムの実行時にキーボードから与えるようにしてある．実行結果はこのプログラムのソースプログラム（e10-3.c としている）を読み込ませた場合である．

■ fgets

fgets は下の形式で，ファイルから 1 行（改行コードまで）の文字列を読み込み，文字配列に格納する．

fgets(文字配列, 制限文字数, ファイルポインタ)

fgets の例

fgets(s, 80, fp);

ここで制限文字数は，1 行が長過ぎて配列のサイズを超えるようなことがないようにするものである．もちろんこの文字数より短ければ，何も問題はなくすべての文字が読み込まれる．ただし，改行も読み込まれることに注意しておこう．例題 10.3 の 16 行目の printf には「¥n」がないのに表示では改行されている．それは文字列の最後に改行コードが入っているからだ．

fgets はファイルの終りに達すると NULL（EOF ではない）を返す．14 行目はこれを利用してファイルの終りを検出している．

■ %04d

16 行目の printf で，変数 count の値を 4 桁で上位の 0 も表示するようにしている．このようにしたい場合は桁数の数の前に 0 を付ければよい．

10.2 ファイルへの書き込み

例題 10.4

```
1   /*  example-10.4  */
2   #include <stdio.h>
3   int main(void) {
4       int i;
5       FILE *f;
6       if ((f=fopen("data3.txt","w"))==NULL) {
7           printf ("オープンできません¥n");
8           return 9;
9       }
10      for(i=100;i<=500;i+=100)   fprintf (f,"%d¥n",i);
11      fclose(f);
12      return 0;
13  }
```

ファイル data3.txt の内容
1	100
2	200
3	300
4	400
5	500

　例題 10.4 は，100, 200, …, 500 と 5 つの数をファイルに書き込むプログラムである．こ
のプログラムを実行しても画面には何も表示されない．しかし data3.txt というファイルが作
られ，そのなかに 5 つの数が書き込まれているはずだ．エディタで表示するなりコマンドで表
示するなりして確認してほしい（コマンドプロンプトなら type，UNIX なら cat を使う）．

　今度はファイルにデータを書くので，ファイルのオープンのモードは "w" で行う（6 行
目）．

■ fprintf

fprintf は，ファイルに文字や数字を書き出す関数で，ファイルポインタを指定すること以外は printf と同じである．

   fprintf（ファイルポインタ，"書式"，式，…）

fprintf の例

   | fprintf (fp, "a=%d¥n", a); |

Column

画面に表示される文字をファイルに保存

 普通のプログラムの画面出力をそのままファイルに保存したいと思ったことはないだろうか．fprintf などを使わないでも簡単な方法がある．

 たとえば prog という実行ファイルであれば，UNIX 系 OS あるいは Windows のコマンドプロンプトで

  prog ＞ 保存したいファイル名

とするだけだ．こうすると本来画面に出てくる文字がすべてファイルに書き込まれる．そのかわり画面には何も表示されない．「＞」はリダイレクト記号といって，出力先を変更する働きをする．もともとは画面に出力されるものをファイルに出力させているのである．

 ただし，こうするとプロンプト（入力促進文字）も画面には出なくなるので会話的な処理には向かない．リダイレクトを使っても出力先が変更されたくない表示は次のようにする．

   fprintf(stderr, "メッセージ");

 stderr とはエラーメッセージを表示する標準出力，つまり画面のことである．

例題 １０.５

```
1   /*  example-10.5  */
2   #include <stdio.h>
3   #include <math.h>
4   int main(void) {
5       int i;
6       double x, y, t, dt;
7       FILE *f;
8       if ((f =fopen("data4.csv", "w"))==NULL) {
9           printf ("オープンできません¥n");
10          return 1;
11      }
12      fputs("x=sin(3*t)   y=sin(4*t)¥n", f);
13      dt=3.14159265/60;
14      for(i=0;i<=120;i++) {
15          t=dt*i;
16          x=sin(3*t);
17          y=sin(4*t);
18          printf ("%f,%f¥n", x, y);
19          fprintf (f, "%f,%f¥n", x, y);
20      }
21      fclose(f);
22      return 0;
23  }
```

```
0.000000, 0.000000
0.156434, 0.207912
0.309017, 0.406737
  .
  .
  .
-0.156434, -0.207912
-0.000000, -0.000000
```

ファイル data4.csv の内容

```
1     x=sin(3*t)   y=sin(4*t)
2     0.000000, 0.000000
3     0.156434, 0.207912
4     0.309017, 0.406737
.     .
.     .
.     .
121   -0.156434, -0.207912
122   -0.000000, -0.000000
```

例題 10.5 は，次式で表されるリサージュの図^{注)} のデータを作るプログラムである．

$$x = \sin(3\theta)\ , \qquad y = \sin(4\theta) \qquad (\theta = 0 \sim 2\pi)$$

θ（プログラムでは t）は $\pi/60$ ステップで計算する．計算結果は画面に表示するとともに data4.csv というファイルにも書き出すようにしてある．このプログラムでは数値しか得られないが，できたファイルを表計算ソフトで読み込めば，簡単にグラフを作成できる．

注） リサージュの図とは，2次元座標の縦横の座標を単振動で与えたときの軌跡である．

■ CSVファイル

CSV というのは Comma Separated Value の略で，CSV ファイルとは，データをコンマで区切った形式のテキストファイルのことである．ファイルの拡張子を「CSV」としておけば，簡単に表計算ソフトで読み込むことができる．左下の図は例題の結果を Excel に読み込んだ状態である．このように，コンマで区切ったデータがワークシートのセルに入る．CSVファイルでの改行はワークシート上でも改行になる．

C 言語を使う環境はさまざまで，場合によって直接図形を表示できることもある．しかし，それは OS やコンパイラに依存することが多いので，互換性のあるデータ保存形式として CSV が利用される．右下の図は例題プログラムの出力ファイルを Excel 上でグラフ化したものである．

	A	B	C
1	x=sin(3*t)	y=sin(4*t)	
2	0	0	
3	0.156434	0.207912	
4	0.309017	0.406737	
5	0.45399	0.587785	
6	0.587785	0.743145	
7	0.707107	0.866025	
8	0.809017	0.951057	
9	0.891007	0.994522	
10	0.951057	0.994522	
11	0.987688	0.951057	
12	1	0.866025	
13	0.987688	0.743145	
14	0.951057	0.587785	

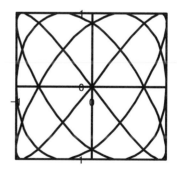

Column

getsとfgets

　gets はキーボード，fgets はファイルから文字列を読み込む関数である．fgets は

　　fgets(文字配列，配列のサイズ，ファイルポインタ)

のように読み込む文字数の制限が設定できる．逆に gets はこの制限が付けられないので，配列のサイズ以上の文字数を読み込んでしまう危険性がある．そのため，「キーボードからの読み込みであっても gets は使うな」と警告するコンパイラもある．

　fgets でキーボードから文字列を読み込ませるには

　　fgets(文字配列,配列サイズ, stdin)

とする．stdin とは，キーボードからの入力をファイルと同等（ストリームという）に扱うものである．これで，fgets を gets の代わりに使える．しかし，1 つ注意しておかなければならないことがある．それは文字列の改行コード（'¥n'）である．gets では読み込んだ文字列に改行コードを付けないのに対して，fgets では必ず付けてしまうという違いがある．

問 題

ドリル 以下の問いに答えなさい.

1) ファイルポインタを f という名前で宣言しなさい.

2) ファイルポインタを f,ファイル名を a.txt として読み込み用に開くにはどう書くか.

3) ファイルポインタを g,ファイル名を z.txt として書き込み用に開くにはどう書くか.

4) fopen が失敗した場合に返す戻り値は何か.

5) ファイルポインタが f の場合,fscanf で int 型変数 k に読み込むにはどう書くか.

6) ファイルの終わりに達してデータが読めない場合,fscanf の戻り値は何になるか.

7) int 型変数 x の値を fprintf(□,"%d",x); と書き出す場合,□には何を書くか.

8) ファイルポインタ f で開いたファイルを閉じるにはどう書くか.

9) fgets は何をする関数か.

10) CSV ファイルとは何か.

問題 10-1 次のプログラムの実行結果を予測しなさい.

```
#include <stdio.h>
int main(void) {
    FILE *f;
    int x, y, z, s;
    if((f=fopen("dt.txt","r"))==NULL) {
        printf("Can't Open\n");
        return 9;
    }
    fscanf(f, "%d", &x);
    fscanf(f, "%d", &y);
    fscanf(f, "%d", &z);
    fclose(f);
    s=x+y-z;
    printf("%d", s);
    return 0;
}
```

```
#include <stdio.h>
int main(void) {
    FILE *g;
    int j, t;
    if((g=fopen("dt.txt","r"))==NULL) {
        printf("Can't Open\n");
        return 9;
    }
    j=0;
    while(fscanf(g, "%d", &t)!=EOF) j++;
    fclose(g);
    printf("%d", j);
    return 0;
}
```

dt.txt の内容

1	40
2	18
3	53

問題 10-2 次のプログラムはテキストファイル aa.txt から連続的に整数を読み込むプログラムである．空欄を埋めなさい．

```
#include <stdio.h>
int main(void) {
    int a;
    □ *fp;
    if((fp=fopen("aa.txt","□"))==□) {
        printf("オープン失敗¥n");
        return 9;
    }
    while(fscanf(fp,"%d",&□)!=□) printf("%d¥n",a);
    fclose(□);
    return 0;
}
```

問題 10-3 例題 10.3 と同じことを，表示ではなくファイルに書き込むようにしなさい．書き込むファイルの名前もキーボードから与えるものとする．

問題 10-4 任意の英文テキストファイルを読み込んで，総行数と総文字数を表示するプログラムを作りなさい．

問題 10-5 次の 2 変数関数 $f(x,y)$ について x は -2.0, -1.8,… , 2.0, y は-4.0, -3.8, … , 4.0 と 0.2 刻みの値を計算して CSV ファイルに書き出した後，表計算ソフトで等高線グラフを描きなさい．

$$f(x,y)=\frac{\sin\left(x^2+y^2\right)}{x^2+y^2} \qquad ただし\ f(x,y)=1 \quad (x=y=0)$$

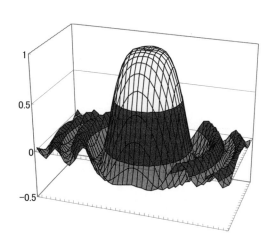

構造体

11.1 構造体

例題 11.1

```
1   /* example-11.1 */
2   #include <stdio.h>
3   #include <string.h>
4   int main(void) {
5       struct person {
6           int number;
7           char name[20];
8           int age;
9       } a,b;
10      a.number=2135;
11      a.age=19;
12      strcpy(a.name,"George");
13      printf ("%s %d %d¥n",a.name,a.number,a.age);
14      b=a;
15      printf ("%s %d %d¥n",b.name,b.number,b.age);
16      return 0;
17  }
```

```
George 2135 19
George 2135 19
```

　例題 11.1 は**構造体**の使い方を示すプログラムである．構造体というのは，いくつかのデータを組み合わせて，セットとして変数のように使えるものである．ここでは，あるクラブの会員のデータとして，次のような3つのデータがセットになっている場合を考える．

　この3つをセットにしてaとかbと名前を付けて扱おうというわけである．構造体を構成する要素（この例では番号，名前，年齢など）は構造体の**メンバー**と呼ぶ．

番　号	名　前	年　齢
int	char 配列	int

さて，例題でやっていることは次のようになっている．

1）構造体の構成の定義と構造体aとbを宣言　（5～9行目）
2）構造体aのメンバーに値を代入　　　　　　（10～12行目）
3）構造体aのメンバーの値を表示　　　　　　（13行目）
4）構造体aを他の構造体bにコピー（代入）　（14行目）
5）構造体bのメンバーの値を表示　　　　　　（15行目）

構造体bはaのコピーだから，実行結果には同じものが表示され
ている．この構造体のイメージは右の図のようなものである．

■ 構造体の宣言（1）

構造体を使うには，2つのことを決めなくてはならない．第1は，その構成，つまりどんな
メンバーがあるのか，その型や名前は何かである．第2は，そのような構成の構造体を実際に
名前を付けて変数のように使えるようにすることである．そのための宣言は次のようになる．

```
struct タグ {
        型　メンバー名;
        型　メンバー名;
              ・
              ・
              ・
} 構造体名, 構造体名, …;
```

ここで**タグ**というのは，この構成に付ける名前である．実際にデータを入れる構造体の名前
は最後の構造体名であって，両者は違うので注意しよう．例題では person がタグで，a や b
が構造体名である．タグ名がなぜ必要かは次の例題で説明する．メンバーについては，それぞ
れの型と名前を書く．メンバー名のところは配列でもよい．

構造体宣言の例

```
struct kenko {
    double taiju;
    double shincho;
    int bango;
} taro, jiro;
```

■ 構造体のメンバー

さて，こうして宣言された構造体のメンバーは，普通の変数（あるいは配列）のように扱うことができる．その場合のメンバーは次のように構造体名とメンバー名を「．」でつなぐ．

構造体名.メンバー名

構造体メンバー参照の例

```
taro.taiju
```

■ 構造体の代入

以上のように個々のメンバーを扱えても，それらをまとめて扱えなければ構造体を作る意味はない．そこで構造体どうしの代入ができるようになっている．

構造体 1 = 構造体 2;

とすれば，構造体 2 のすべてのメンバーが構造体 1 のすべてのメンバーに代入される．ただし，構造体 1 と構造体 2 は同じタグで宣言されていなければならない．

また，ここでは示されていないが，構造体を関数の引数としてデータのやり取りをするときも，データをまとめて扱える利点がある．

構造体の代入の例

```
a=b;
```
　　　　　　　（a,b は構造体名）

例題 11.2

```
1    /*  example-11.2  */
2    #include <stdio.h>
3    #include <string.h>
4
5    struct person {
6        int number;
7        char name[20];
8        int age;
9    };
10
11   int main(void) {
12       struct person a,b;
13       a.number=2135;
14       a.age=19;
15       strcpy(a.name,"George");
16       printf("%s %d %d¥n",a.name,a.number,a.age);
17       b=a;
18       printf("%s %d %d¥n",b.name,b.number,b.age);
19       return 0;
20   }
```

```
George 2135 19
George 2135 19
```

例題 11.2 は例題 11.1 とまったく同じ動きをする．構造体の宣言のしかたが違うだけである．ここでは構造体の構成の定義だけを先に行い（5〜9行目），実際に使う構造体の宣言は後から別に行っている（12行目）．

■ 構造体の宣言（2）

構造体の宣言は先に説明した方法以外に，構成の定義と構造体の実体の宣言を分けて行ってもよい．その場合は

```
struct タグ {
        型  メンバー名;
        型  メンバー名;
                ・
                ・
                ・
};

struct タグ 構造体名,構造体名, … ;
```

となる．構成の定義部分だけでは記憶領域は何も確保されない．タグは構造体ではないことに注意しよう．タグは，いわば構造体の設計図のようなものである．それを使って具体的な構造体の名前を宣言することによって，初めて構造体が使えるようになるのだ．この宣言は何度行ってもよい．

　例題 11.2 では構成の定義の部分を main 関数の前に書いてある．このプログラムに関する限り，これは main 関数の中に書いてもなんら変わりはない．ただ，複数の関数で同じ構成の構造体を使う場合には，main 関数の外に書かないとタグが参照できなくなってしまう．これは，ローカル変数とグローバル変数の違いと同じように考えればよい．

　ところで，構成の定義の終りの「}」のあとの「;」（例題の 9 行目）を忘れやすいので気をつけていただきたい．

　なお，例題 11.2 では使っていないが，構造体には宣言時に初期値を与えることもできる．初期値を与えるのはタグの宣言ではなくて，実体の宣言のときである．たとえば例題と同じ構造体のタグがあったとして，

```
struct person c={9999,"Noname",0};
```

と書いたら

```
c.number      ←      9999
c.name        ←      "Noname"
c.age         ←      0
```

というようにタグの中で書かれている順に値が与えられる．これは簡単に書けて便利ではあるが，いろいろな型のメンバーが混在しているような場合は，対応関係がわかりにくいので注意して使う必要がある．

11.2 構造体の関数

例題 11.3

```
 1  /*  example-11.3  */
 2  #include <stdio.h>
 3
 4  struct vector {
 5      double x;
 6      double y;
 7  };
 8
 9  typedef struct vector vec;
10
11  vec add(vec u, vec v);
12
13  int main(void) {
14      vec a,b,w;
15      a.x=2.2;
16      a.y=3.5;
17      b.x=-2.8;
18      b.y=4.5;
19      w=add(a,b);
20      printf("(%.2f,%.2f)¥n",w.x,w.y);
21      return 0;
22  }
23
24  vec add(vec u, vec v) {
25      vec r;
26      r.x=u.x+v.x;
27      r.y=u.y+v.y;
28      return r;
29  }
```

```
(-0.60,8.00)
```

例題 11.3 は 2 次元のベクトルを構造体で表し，ベクトルの加算を関数を使って計算する．2次元ベクトルは x 成分と y 成分を持ち，加算は x 成分どうしの和，y 成分どうしの和で求められる．ここでは add という関数で加算を行う．つまり，戻り値が構造体である関数の使い方を学習する．また，ここでは構造体の宣言に関して typedef による別名を使う方法も紹介する．

■ typedef宣言

typedef とは **type define**（型の定義）という意味で，基本型（int double など）や構造体に別名を付けるときに次のように使う．

> typedef 型名　別名

型が構造体であるときは

> typedef struct　タグ　別名

と書く．このタグは既に宣言されている必要がある．例題 11.3 の 9 行目では 4 行目で宣言されている vector という構造体を vec という型とすると宣言している．したがって 11，14，24，25 行目では vec を int や double を宣言する場合と同じように型名として使っている．

typedef の例

typedef unsigned int natural;
typedef struct person person;

（タグと別名が同じでもよい）

別名による宣言の例

natural m,n;
person taro,jiro;

■ 構造体の関数

関数は戻り値や引数が構造体であってもよい．関数の型や引数の型に構造体であることを書けばいいのである．構造体であれば struct vector のように書けばいい．また，typedef で別名を与えてあるならば，それを型名として書けばよい．11 行目や 25 行目は別名による宣言である．

例題の関数 add は，構造体 vec 型であるから return で vec 型の戻り値を与えている．また引数も vec 型である．構造体の個々のメンバーを引数に書かなくても，構造体を引数にすればメンバーはすべて渡されることになる．

構造体型関数の例

struct person func(struct person hito);
person func(person hito);

（typedef struct person person
　と宣言の場合）

11.3 時間

例題 11.4

```
1    /*  example-11.4  */
2    #include <stdio.h>
3    #include <time.h>
4    int main(void) {
5        time_t second;
6        struct tm z;
7        second=time(NULL);
8        z=*localtime(&second);
9        printf("年    %d\n",z.tm_year+1900);
10       printf("月    %d\n",z.tm_mon+1);
11       printf("日    %d\n",z.tm_mday);
12       printf("曜日 %d\n",z.tm_wday);
13       printf("時    %d\n",z.tm_hour);
14       printf("分    %d\n",z.tm_min);
15       printf("秒    %d\n",z.tm_sec);
16       return 0;
17   }
```

```
年    2023
月    11
日    23
曜日 4
時    13
分    34
秒    45
```

　例題 11.4 のプログラムは現在の日付と時刻を表示する．現在とはこのプログラムが実行された瞬間である．コンピュータには時計が内蔵されていて，それから日付や時刻の情報を取り出すためにいくつかの関数が用意されている．その関数を利用するには構造体の知識が必要になる．その構造体の構成や使い方を見ていこう．

■ 関数time

　time という関数は 1970 年 1 月 1 日 0 時 0 分 0 秒から現在までの秒数を求める関数である．使い方は次のようにする（例題 7 行目参照）．

```
second=time(NULL);
```

とする．second がその秒数である．ところで，second はちょっと計算すればわかるが，2001
年の段階で約 10 億という大きい数である．これは 32 ビットの int 型なら収まるが，16 ビッ
トの int 型では表現できない．そこで time_t 型として定義されている．time_t なんて聞いた
ことのない型であるが，ヘッダファイル time.h の中で次のように定義されている．

```
typedef long time_t;
```

つまり long 型と考えればよい．UNIX や Windows では int 型も long 型も 32 ビットなので
int 型と考えてもいい．コンパイラや OS が異なっても互換性を持たせるために time_t 型とし
ておいて，別のところで time_t が何型か決めているのである．この関数を使うには time.h が必
要である．

関数名	戻り値	戻り値の型	引 数
time (x)	1970年1月1日0時0分0秒からの秒数	time_t	NULL または秒数を入れる time_t型変数のアドレス
必要なヘッダファイル ： time.h			

■ 構造体tmと関数localtime

さて，1970 年から現在までの秒数がわかったとしても，それが何年，何月，何日かを知る
のは結構面倒な計算になる．そこで，time 関数で得た秒数から年月日，時分秒，曜日に換算
してくれる関数 localtime がある．ところが，この localtime というのはちょっとわかりにく
い関数だ．まず，引数として関数 time で求めた秒を与える．ただし，そのままではなく秒の
値が入っている time_t 型の変数のアドレスとして与える．例題 11.4 では 8 行目のように上で
求めた秒数の変数 second に & を付けていることに注目．

では，戻り値は何かというと年月日時分秒などが入る tm 構造体のアドレスである．tm 構造
体？ 初めて出てくる言葉だ．プログラムを見ると 6 行目で struct tm の宣言があるが，肝心の
tm の構成の定義がない．実はこの定義は time.h の中にある．だから time.h をインクルードし
たら tm というタグは使っていいのである．それでは tm 構造体はどうなっているかというと，

```
struct tm {
    int tm_sec      秒
    int tm_min      分
    int tm_hour     時 (0～23)
    int tm_mday     日 (1～31)
    int tm_mon      月 (0～11，実際の月-1)
    int tm_year     年 (西暦年-1900)
    int tm_wday     曜日 (0=日, 1=月, … , 6=土)
    int tm_yday     年初からの日数 (0～365，1月1日を0)
    int tm_isdst    サマータイムなしは0，ありは0以外 (通常は1)
}
```

　これらのメンバーを具体的に取り出すには，例題の変数名を使うなら，

　　　z=*localtime(&second);

とすればよい．z は tm 構造体，second は秒数を記憶している変数である．また localtime の戻り値はアドレスなので，前に * を付けてそのアドレスにある構造体自体を表すようにしている．こうすれば，あとは z.tm_sec というような具合に構造体のメンバーを取り出すことができる．

関数名	戻り値	戻り値の型	引　数
localtime(x)	日付時刻が入るtm構造体のアドレス	tm構造体へのポインタ	秒数(time_t型)が記憶されているアドレス
必要なヘッダファイル ： time.h			

　関数の中にはこのように，使うために特別な知識を必要とするものがある．time や localtime はとくに複雑なものであるが，そのような説明はコンパイラのマニュアル（解説書）には必ず書いてある．環境によってはヘルプとして画面上に表示できるものもあるので，よく読んでみてほしい．

Column

time

　関数 time で 1970 年からの秒数を求める方法がもう 1 つある．それは

　　　time(&second);　　　　　　　　　（second は time_t で宣言されている）

とする．こうすると変数 second に秒数が入る．これは関数の戻り値と同じである．例題のように戻り値を使う場合は () 内に入れるアドレスがないが，引数を省略できないので，NULL を入れる．これはヌルポインタといって，何も指さないポインタである．

　なお，time は例題のように時刻を取り出すこと以外に，経過時間の測定に使われる．たとえば，プログラムのあるところから別のところまで進むのにかかった時間を計るには，次のような方法が使われる．

```
time_t   tstart,tend;
int t;
       ・
       ・
       ・
tstart=time(NULL);        /* 計測開始 */
       ・
       ・
       ・
tend=time(NULL);         /* 計測終了 */
t=tend-tstart;           /* 時間差計算 */
printf("時間=%d¥n",t);
```

問 題

ドリル 以下の問いに答えなさい. 1)〜6)は下のプログラムを見て答えなさい.

```
#include <stdio.h>
struct vec{
    double x;
    double y;
};
int main(void) {
    struct vec u,v;
    u.x=2.5;
    u.y=3.6;
    v=u;
        ⋮
```

1) struct は何という英単語の略か. またその単語の意味は何か.

2) 構造体の構成定義に使われる名前（ここでは vec）を何というか.

3) ここで使われる構造体（実体）の名前は何か.

4) 構造体の実体を宣言しないで，vec という名前の構造体を使えるか.

5) vec で定義される構造体の 1 つ目のメンバーの名前は何か.

6) 構造体 u のメンバー x には何が代入されるか.

7) typedef は何をするものか.

8) 時間を扱う関数を使うとき必要なヘッダファイルは何か.

9) time 関数の戻り値は何か.

10) time 関数の戻り値から年月日時分秒などを求める関数は何か.

問題 11-1 次のプログラムの実行結果を予測しなさい.

```
#include <stdio.h>
struct aaa{
    double uu;
    double vv;
};
int main(void) {
    struct aaa cat,dog,pig;
    cat.uu=2.3;
    cat.vv=3.8;
    dog.uu=1.5;
    dog.vv=4.1;
    if(cat.uu<3.0) pig=cat; else pig=dog;
    printf("%4.1f¥n",pig.uu);
    return 0;
}
```

```
#include <stdio.h>
#include <time.h>
int main(void) {
    struct tm tdate;
    time_t x;
    x=time(NULL);
    tdate=*localtime(&x);
    printf("%d",tdate.tm_year);
    return 0;
}
```

2019 年 7 月 24 日 9 時 18 分に実行した場合

問題 11-2 下のプログラムはベクトルを構造体で表し，内積を計算する，2 つの構造体を引数として内積を求める関数 naiseki を完成させなさい．

```
#include <stdio.h>
struct vector {
    double x;
    double y;
};
typedef struct vector vect;
┌──────────────────────┐
│                      │;
└──────────────────────┘
int main(void) {
    vect a,b;
    double r;
    a.x=2.2;
    a.y=3.5;
    b.x=-3.0;
    b.y=1.4;
    r=naiseki(a,b);
    printf("内積=%.2f\n",r);
    return 0;
}
┌──────────────────────────────┐
│                              │
│                              │
│                              │
└──────────────────────────────┘
```

```
── 実行結果 ──
内積=-1.70
```

ヒント
ベクトル (x_1,y_1) と (x_2,y_2) の内積は $(x_1 x_2 + y_1 y_2)$

問題 11-3 下のプログラムはどのような動作をするか．

```
#include <stdio.h>
#include <time.h>
int main(void) {
    time_t t1,t2;
    int s=11;
    t1=time(NULL);
    while(s>0) {
        t2=time(NULL);
        if(t1==t2) continue;
        t1=t2;
        s--;
        printf("%d \r",s);
    }
    return 0;
}
```

問題 11-4 右の実行結果のように，現在の月，日，曜日，時，分を表示するプログラムを作りなさい．曜日は Sun Mon Tue Wed Thu Fri Sat で表すことにする．

```
── 実行結果 ──
02/14 (Fri) 16:07
```

問題 11-5 あるロールプレイングゲームに登場する人間（man）には，パワー（power）と生命力（life），所持金（money）の3つのプロパティがある．tom と john のプロパティは以下のとおりである．

名前	パワー	生命力	所持金
tom	5	200	1200
john	7	400	900

tom と john は合体して devil になることができる．そのときのプロパティは2人のプロパティの足し算になる．

次のプログラムは tom と john のプロパティを与えて，devil のプロパティを計算，表示するものである．空欄を埋めてプログラムを完成させなさい．

```c
#include <stdio.h>

struct man{
    int □□□□□;
    int life;
    int money;
};

int main(void) {
    struct □□□□ tom, john, devil;
    tom.power=□□;
    john.power=□□;
    □□.□□=200;
    □□.□□=400;
    tom.□□=1200;
    john.□□=900;
    devil.power=□□□□□□;
    devil.life=□□□□□□;
    devil.□□=tom.money+john.money;
    printf("%d %d %d¥n",devil.power,devil.life,devil.money);
    return 0;
}
```

```
┌───── 実行結果 ──────┐
│ 12 600 2100         │
└─────────────────────┘
```

プリプロセッサ

12.1　マクロ定義

例題 12.1

```
1    /*  example-12.1  */
2    #include <stdio.h>
3    #define LAST 50
4    /* LAST は項の数 */
5    int main(void) {
6        double s,so,se;
7        int i;
8        so=0;
9        se=0;
10       for(i=1;i<=LAST;i+=2)  so+=1.0/i;
11       for(i=2;i<=LAST;i+=2)  se+=1.0/i;
12       s=so-se;
13       printf ("1/1-1/2+1/3- ...  1/%d=%10.7f\n",LAST,s);
14       return 0;
15   }
```

```
1/1-1/2+1/3- ...  1/50= 0.6832472
```

例題 12.1 は次の和を計算するプログラムである.

$$\frac{1}{1}-\frac{1}{2}+\frac{1}{3}-\frac{1}{4}+\cdots\frac{1}{n}$$

　+ と - が交互に出てくるので，分母の数が奇数のときの和（so）と偶数のときの和（se）に分けて加算し，最後に差をとっている．ここでは n を 50 として計算しているが，n をいろいろと変えると結果がどのくらい変わるかも知りたくなるだろう．そうすると，プログラムの中の繰り返し回数や，結果の表示の数を書き換えなければならない．始めから具体的な数を書いてしまうと，修正箇所が多く面倒になる．そこでマクロ定義というものを使う．ここでは 50 と書くところを LAST と書いておき，後で別途指定した数に置き換えるという方法を使う.

■ マクロ定義

　プログラムの最初の部分に次のように書くと，コンパイルに先立って文字列の置き換えが行われる．

　　　　#define　置き換え前の文字列　置き換え後の文字列

　これはCコンパイラのプリプロセッサの働きである．プリプロセッサとは「前処理を行うもの」という意味で，ソースプログラムをコンパイルする前にいくつかの処理を行う．それらの指示は # で始まる行で書くことになっている．これまで使ってきた #include … というのもその1つである．ここで紹介する #define はマクロ定義と呼ばれ，文字列の置き換えを行う．例題12.1の3行目の

　　　　#define LAST 50

というのは，プログラムの中の「LAST」という文字列を「50」という文字列に置き換えなさいということになる（最後に「;」がないことに注意しよう）．実際，計算結果は LAST のところ（10，11，13行目）を50と書いた場合と完全に一致する．

　もし，3行目を

　　　　#define LAST 1000

と書き換えてコンパイルをやり直すと，こんどは「LAST」が「1000」に置き換わる．そのときの実行結果は次のようになる．

```
1/1-1/2+1/3- ...  1/1000= 0.6926474
```

　このようにマクロ定義は書き換えの手間を省くのには役立つが，その一方でプログラムをわかりにくくすることも事実である．そのため，置き換える文字列の意味をコメントとして書いておくなどの対策も必要だろう（4行目）．

　なお，ワープロの置換と違って，置き換える文字列は単語単位で一致する必要がある．例題では LAST が50になったが，LAST9 と書いても509になることはない．また，""の中は置き換えの対象にならないので気をつけよう．

　マクロ定義を使えば，何でも短縮形で書くことが可能になる．たとえば

　　　　#define P printf

と書けば

```
    printf("Hello");
```

を

```
    P("Hello");
```

と略して書ける．しかし，このような使い方はしない方がいい．プログラムが非常にわかりにくくなってしまうからである．とくに他人とプログラムを共有するような場合には避けたい．

Column

#define の行の終わりには；を付けない

　#define の行は行末に「；」を書かない．通常の文と混同して「；」を付けてもそこではエラーにはならない．「；」を付けると，この文字まで含めて置き換えが行われてしまうのである．たいていはコンパイラが置き換えたところでエラーを出してくれるが，たまたまエラーにならないと，間違いを発見するのがとても難しくなる．

12.2 ヘッダファイル

```
1   /* example-12.2 */
2   #include <stdio.h>
3   #include <stdlib.h>
4   #include <time.h>
5   int main(void) {
6       double rd;
7       int i,n,ri;
8       srand((unsigned int)time(NULL));
9       for(i=1;i<=10;i++) {
10          n=rand();
11          ri=n%100;
12          rd=(double)n/RAND_MAX;
13          printf ("%6d%6d%10.6f¥n",n,ri,rd);
14      }
15      return 0;
16  }
```

```
26074    74   0.795740          （注　実行結果は毎回異なる）
30861    61   0.941832
18459    59   0.563341
  693    93   0.021149
23885    85   0.728935
21824    24   0.666036
 9178    78   0.280099
21237    37   0.648122
31369    69   0.957335
 7107     7   0.216895
```

例題 12.2 のプログラムは**乱数**を発生させるプログラムである．乱数の詳細は後で説明するとして，このプログラムでは 3 種類の乱数を 10 回表示している（実行結果は毎回異なる）．それらは乱数発生関数が作る生の整数，0 から 99 の範囲の整数乱数，そして 0 以上 1 以下の実数（小数）乱数である．ここでは乱数と時間に関係する関数を使うためにヘッダファイル stdlib.h と time.h をインクルードしている．これらはすでに関数の章で説明したとおりである．#include … と書いてヘッダファイルを取り込むのもプリプロセッサの働きである．

■ #include

　#include に書いたヘッダファイルは，コンパイルの前にプログラムに追加されて一緒にコンパイルされる．だから自分が書いた部分が数行しかなくても，ヘッダファイルを含めると数百行のプログラムになっていることも珍しくない．ヘッダファイルには #define によるマクロ定義や変数，構造体，関数の定義などが書かれている．ヘッダファイルは非常にたくさんあってコンパイラと一緒に提供される．標準的なコンパイラならば include という名前のディレクトリにまとめて収められている．これらはテキストファイルなので簡単に中身を見ることができる．普通はここまで意識する必要はないが，一度覗いてみるとよくわかるだろう．

　ところで，プログラムにはどこにも宣言されていない名前が使われることがある．よくあるのが大文字の名前で NULL，EOF，FILE などである．実はこれらの名前の宣言は，インクルードしたヘッダファイルの中で行われているのだ．たとえば例題に出てくる NULL は stdio.h の中で，RAND_MAX は stdlib.h の中で，それぞれ定義されている．したがってヘッダファイルを取り込んでいれば，これらの文字列は自分で定義することなく使えるのである．

■ rand

　rand という関数は，0 以上 RAND_MAX 以下の 1 つの整数を返す（例題 12.2 の 10 行目参照）．RAND_MAX は stdlib.h の中で定義されていて，たいていは

```
#define RAND_MAX 0x7FFF
```

となっている．これは 10 進数では 32767 である．rand は呼び出すごとに毎回異なる数をランダムに返す．つまり乱数を発生させる関数である．例題の実行結果の左の列の数は，rand が出した数をそのまま表示したものである．

■ srand

　rand の乱数発生は，1つの数を元にある計算を行って次の数を求め，さらにそれに同じ計算を行って次の数を求めるという方法である．したがって，乱数とはいっても元の数（種という）が同じなら毎回同じ数列しか発生できない．これでは乱数の「予測できない」という性質を満たしていないので，ゲームプログラムなどでは困ったことになる．そこで種になる数を適宜変えてやればよい．それを行うのが srand である．

```
srand(種になる正整数);
```

とすれば，違う乱数列を発生させることができるようになる．それでも種の数が同じなら出てくる数列も同じなので，現在時刻の秒数を使って次のようにする．

```
srand((unsigned int)time(NULL));
```

こうすれば，実行するたびに異なる数列が現れるはずである（Chapter11 の time 関数参照）．(unsigned int)というのは，time 関数が返す値（time_t 型=普通は long 型）を強制的に符号なし整数に変換させるキャストというものである．

■ 整数乱数と小数乱数

rand の返す乱数値は範囲が広すぎるので，もっと狭い範囲の乱数がほしいことがある．その場合は

```
rand()%m
```

とすると 0〜m-1 の範囲の乱数が得られる．例題 12.2 の 11 行目は m を 100 としている．つまり 0〜99 の乱数が，実行結果の 2 列目に表示されている．

また，乱数を使ったシミュレーションでは 0〜1 の範囲の小数の乱数を使うことがよくある．その場合は

```
(double)rand()/RAND_MAX
```

とする．ここで RAND_MAX は rand()が発生させる最大値だから，この値は最大で 1 になる．rand()の前の (double)は，強制的に double 型に変換するキャストである．これを付けるのは，rand()も RAND_MAX もともに整数型で，割り算の結果も整数になってしまうからである．

■ キャスト

キャストとは，変数，式，関数などの値の型を強制的に変えるものである．使い方は

```
(型)変換されるもの
```

と書く．型は int, double, char などである．例題12.2 では 8 行目と 12 行目で使われている．

キャストの例

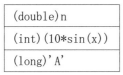

(double)n
(int)(10*sin(x))
(long)'A'

例題　１２.３

```
1   /*  example-12.3  */
2   #include <stdio.h>
3   #include <stdlib.h>
4   #include <time.h>
5   int main(void) {
6       int x,a,count;
7       srand((unsigned int)time(NULL));
8       printf ("Xは0～999の数です. ¥n");
9       x=rand()%1000;
10      count=0;
11      while(1) {
12          count++;
13          printf ("%d回目：いくつ？ ",count);
14          scanf ("%d",&a);
15          if (a==x) break;
16          if (a>x) {
17              printf (" もっと小さいです¥n");
18          }
19          else {
20              printf (" もっと大きいです¥n");
21          }
22      }
23      printf (" 当りました！¥n");
24      return 0;
25  }
```

```
  Xは0～999の数です.
1回目：いくつ？ 520
 もっと大きいです
2回目：いくつ？ 770
 もっと小さいです
3回目：いくつ？ 650
 もっと大きいです
4回目：いくつ？ 730
 もっと大きいです
5回目：いくつ？ 750
 もっと小さいです
6回目：いくつ？ 740
 もっと大きいです
7回目：いくつ？ 744
 当りました！
```

例題 12.3 のプログラムはコンピュータが 0～999 の乱数を発生させ，それを人間が当てる

というゲームのプログラムである．人間が適当な数を入力すると，コンピュータはもっと大きいのか小さいのかのヒントを表示する．これを正解が出るまで繰り返す．

9 行目の乱数発生の方法は例題 12.2 とまったく同じである．あとは 11 行目からの while のループで，入力した数と正解の比較を行いメッセージを出力することを繰り返す．正解に一致すればこの繰り返しを終了する．

Column

モンテカルロシミュレーション

サイコロを 6000 回振れば 1 が出るのは 1000 回前後だろう．これは簡単な計算で求められる．しかし確率を数学的に計算するのではなく，実際にサイコロを振って実験するという方法もあるだろう．とはいってもサイコロを 6000 回も振るのは大変なことだ．そこで，コンピュータの中でそれをやってしまおうというのが**モンテカルロシミュレーション**の考え方である．それには，もちろん乱数を使う．

サイコロの場合は確率の計算は簡単であるが，もっと複雑な問題の場合はこの方法が役に立つ．ちなみに，モンテカルロとはカジノで有名なモナコの都市である．

問 題

ドリル 　以下の問いに答えなさい.

1) C 言語のプリプロセッサは何をするものか.

2) define とはどういう意味か.

3) #define の行の終わりに「;」は必要か.

4) #include と #define どちらを先に書いてもよいか.

5) #define YY 365 と書いた後, x=YY+5; とするとこの文はどう解釈されるか.

6) rand() や RAND_MAX を使うために必要なヘッダファイルは何か.

7) 乱数の種を変える関数は何か.

8) rand()%4 のとる可能性のある値をすべてあげなさい.

9) (double)rand()/RAND_MAX の値の範囲はどうなるか.

10) 9)の(double)のように型を変えることを何というか.

問題 12-1 次のプログラムの実行結果を予測しなさい.

```
#define BORDER 1.5
#define RATE 2.5
#include <stdio.h>
int main(void) {
    double x;
    int j;
    x=12.5;
    j=0;
    while(x>BORDER) {
        x/=RATE;
        j++;
    }
    printf("%d¥n",j);
    return 0;
}
```

```
#define VV nagasa
#include <stdio.h>
int main(void) {
    int a,VV;
    a=3;
    VV=a+5;
    printf("VV=%d¥n",VV);
    return 0;
}
```

```
#include <stdio.h>
#include <stdlib.h>
#include <time.h>
int main(void) {
    int n;
    srand((unsigned int)time(NULL));
    n=rand()%2+1;
    printf ("%6d¥n",n);
    return 0;
}
```

```
#include <stdio.h>
#include <stdlib.h>
#include <time.h>
int main(void) {
    int i,m,c=0;
    double rate;
    srand((unsigned int)time(NULL));
    for(i=0;i<10000;i++) if(rand()%3==0) c++;
    rate=(double)c/10000;
    printf ("%3.1f¥n",rate);
    return 0;
}
```

問題 12-2 次のプログラムの実行結果は右下のとおりである．空欄を埋めなさい．

```
#include <stdio.h>
#define ┌────────────┐
#define ┌────────────┐
#define ┌────────────┐
int main(void) {
    int x[7]={2,-8,-4,9,0,5,-2},i;
    for(i=0;i<7;i++) {
        if(x[i]>0) P;
        else if(x[i]<0) M;
        else Z;
    }
    return 0;
}
```

```
┌─── 実行結果 ────┐
│ PLUS           │
│ MINUS          │
│ MINUS          │
│ PLUS           │
│ ZERO           │
│ PLUS           │
│ MINUS          │
└────────────────┘
```

問題 12-3 0.0 以上 10.0 以下の一様乱数を小数第 2 位まで表示して，10 個ずつ 10 行並べるプログラムを作りなさい．

問題 12-4 乱数によりサイコロの目を表示するプログラムを作りなさい（右の実行結果は 6 種類中の 3 種，他の数も同様に）．

```
┌─── 実行結果 ────┐
│ * *            │
│  *             │
│ * *            │
├────────────────┤
│ *              │
│                │
│    *           │
├────────────────┤
│ *              │
│  *             │
│    *           │
└────────────────┘
```

問題 12-5 乱数を使って次のような実験をしてみる.

- x と y の値をそれぞれ 0 以上 1 以下の実数の一様乱数とする.
- $y < x^2$ であれば真,そうでなければ偽とする.

　この試行を n 回行って,真となった回数を m とする.そのとき m/n はどんな値になるだろうか.これを以下のプログラムで調べてみる.試行回数はマクロ定義により KAISU に入れておく.一様乱数を作る部分を補ってプログラムを実行しなさい.

```
#include <stdio.h>
#include <time.h>
#include <stdlib.h>
#define KAISU 10000
int main(void) {
    int i,count;
    double x,y,s;
    srand((unsigned int)time(NULL));
    count=0;
    for(i=0;i<KAISU;i++) {
        x=                    ;    /* 0～1 の一様乱数 */
        y=                    ;    /* 0～1 の一様乱数 */
        if(y<x*x) count++;             /* 真のときだけカウント */
    }
    s=(double)count/KAISU;
    printf("%f\n",s);
    return 0;
}
```

　何度か実行してみると,実行結果はおよそ 0.33…(1/3)になることがわかる.(x,y) を 2 次元の座標として,なぜこの値になるかを説明しなさい.

ヒント　$x = 0 \sim 1$ で $y = x^2$ のグラフを描いてみる.

問題 12-6 乱数シミュレーションで次の確率を計算したい．下の手順を参考にプログラム
を作って計算しなさい．

M 人のクラスで，誕生日が同じか 1 日違いである 2 人が 1 組でもある確率

ただし，1 年を通じて誕生日は一様に分布していて，2 月 29 日生まれはいないものとす
る．また 1 月 1 日と 12 月 31 日は 1 日違いと考える．

[手順]

 ・ 誕生日は月日で考えるのではなく，年初からの日数（0〜364）で表す．
 ・ M 人のそれぞれの誕生日を乱数で決める．
 ・ M 人のうちの 2 人のすべての組み合わせを見て誕生日の差を求める．
 ・ 同日か 1 日違いが 1 組でもあれば成立，なければ不成立とする．
 ・ 以上のことを N 回繰り返し，成立した回数を N で割ればおよその確率がわかる．

 M や N は後で簡単に変更できるようにマクロ定義で書いておく．例として M=20，
N=100000 として計算してみよう．

よく使うアルゴリズム

C 言語で実用のプログラムを作るには文法がわかっただけでは不十分である．問題の解決方法，いわゆるアルゴリズムについても学習しておかなければならない．ここでは，プログラムを作成する際に頻繁に現れる基本的アルゴリズムについて解説する．これは英語でいえば慣用句を覚えるようなものである．使える慣用句が多ければ表現も豊かになるようにプログラミングの範囲を広げてくれるはずである．

13.1 値の交換

例題 13.1

```
1    /*  example-13.1  */
2    #include <stdio.h>
3    int main(void) {
4        int a,b,t;
5        printf ("a=");
6        scanf ("%d",&a);
7        printf ("b=");
8        scanf ("%d",&b);
9        printf ("a=%d b=%d\n",a,b);
10       t=a;
11       a=b;
12       b=t;
13       printf ("a=%d b=%d\n",a,b);
14       return 0;
15   }
```

```
a=56
b=34
a=56 b=34
a=34 b=56
```

　このプログラムは，キーボードから 2 つの変数に値を入れて，その後で中身を交換している．非常に単純だけれど，代入の本質にかかわる重要なアルゴリズムである．

■ 値の交換

　たとえば変数 a と変数 b の値を交換するには，単純に

　　　　a=b;
　　　　b=a;

としてもだめなことは理解できるだろう．最初の代入を行った時点で変数 a に入っていた値が失われるからである．そこで，値を退避するための第 3 の変数を用意して

　　　　t=a;　 a=b;　 b=t;

というようにしなければならない．実は例題 4.2 で，すでにこの方法を使っている．

　他のプログラム言語には変数の値を交換する命令を持つものもある．それでもその内部の処理ではこのようなアルゴリズムを使っていることにかわりはない．

　なお，第 3 の変数を使わず

　　　　a=a+b;　 b=a-b;　 a=a-b;

とする方法もある．代入の意味を理解するにはいい例であるが，実用的にはあまり意味がないだろう．

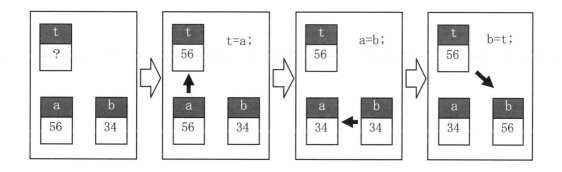

13.2　値のローテーション

例題 13.2

```
1    /*  example-13.2  */
2    #include <stdio.h>
3    int main(void) {
4        int x[7]={3,1,4,1,5,9,2},i,n,t;
5        n=7;
6        printf ("ローテーション前 ");
7        for(i=0;i<=n-1;i++) printf ("%3d",x[i]);
8        printf ("¥n ローテーション後 ");
9        t=x[0];
10       for(i=1;i<n;i++)  x[i-1]=x[i];
11       x[n-1]=t;
12       for(i=0;i<n;i++) printf ("%3d",x[i]);
13       printf ("¥n");
14       return 0;
15   }
```

```
ローテーション前　 3  1  4  1  5  9  2
ローテーション後　 1  4  1  5  9  2  3
```

　このプログラムは，配列の値を 1 つずつ左（番号の小さい方）にずらしている．そして一番左にあった数は一番右に入る．これは左ローテーションという．

■ 配列のローテーション

たとえば，配列 x の値を次のように**ローテーション**する場合を考える．

```
┌── x[0] ← x[1] ← x[2] ← … ← x[n-1] ←┐
└──────────────────────────────────────┘
```

このときも，x[0]に x[1]の値を入れると x[0]の値が失われるので変数 t に退避する．

```
t=x[0];
for(i=1;i<=n-1;i++)  x[i-1]=x[i];
x[n-1]=t;
```

さて，次のような逆方向の右ローテーションはどうだろう．

$$\rightarrow x[0] \rightarrow x[1] \rightarrow x[2] \rightarrow \cdots \rightarrow x[n-1] \rightharpoondown$$

　この場合は $x[0]$ を $x[1]$ へ，$x[1]$ を $x[2]$ へという順序ではすべて同じ値で上書きされてしまう．そのため，順番を逆にして $x[n-1]$ へ $x[n-2]$ を，$x[n-2]$ へ $x[n-3]$ をというように後ろから行う．そしてこの場合も，最初に代入される $x[n-1]$ の値は退避しておかなければならない．つまり，以下のようになる．

```
t=x[n-1];
for(i=n-1;i>0;i--) x[i]=x[i-1];
x[0]=t;
```

13.3 最大値を見つける

例題 13.3

```
1    /*  example-13.3  */
2    #include <stdio.h>
3    int main(void) {
4        int x[7]={3,1,4,1,5,9,2},n,i,imax;
5        n=7;
6        imax=0;
7        for(i=1;i<n;i++) if (x[i]>x[imax]) imax=i;
8        printf("最大値は%d番目の%d¥n",imax,x[imax]);
9        return 0;
10   }
```

最大値は5番目の9　　　　　　　　　　（注　0番から数えている）

　このプログラムは，配列の値の最大値とその番号を見つけるものである．

■ 最大値を探す

　配列 x[0]〜x[n-1] の中から最大値を求めるには，次のようにする．

1）最大値を入れる変数（max）を用意して，始めに x[0] の値を代入する．
2）x[1] から x[n-1] まで順に調べ，max より大きい値が現れたら max をその値で置き換える．

　　max=x[0];
　　for(i=1;i<n;i++) if (x[i]>max) max=x[i];

ただし，この方法だと最大値が何番目にあったかはわからない．それを知りたいときは，

　　imax=0;
　　for(i=1;i<n;i++) if (x[i]>x[imax]) imax=i;

とすれば最大値は imax 番目にあり，その値は x[imax] となる．例題 13.3 はこの方法を使っている．

　同様にして，最小値を求める場合は if の条件の不等号を逆にすればよい．たとえば imin という int 型変数を使ったとして，

```
        imin=0;
        for(i=1;i<n;i++) if (x[i]<x[imin]) imin=i;
```

とすれば最小値は imin 番目にあり，その値は x[imin] となる．

　最大値や最小値を見つけるアルゴリズムは，順番に試技を行う競技の新記録をイメージするとわかりやすい．最初の選手が終わった段階では，その記録が暫定的な大会記録である．2 人目からは，暫定記録よりよい場合だけ記録の更新が行われ，悪ければ何もしない．

　そう考えれば，この最大値のアルゴリズムはいろいろと応用できる．たとえば配列のデータではなくて，繰り返してキー入力する値であっても同じようにできる．ただし，最初の入力値だけ特別扱いして仮の最大値とするのは面倒かもしれない．そのようなときは絶対にありえないような小さい値を仮の最大値として，1 個目から同じ処理をすればよい．1 個目で必ず記録更新が起こるからである．

例題 13.4

```
1    /*  example-13.4  */
2    #include <stdio.h>
3    int main(void) {
4        FILE *f;
5        int i,x,max,imax,min,imin;
6        if((f=fopen("data13_4.txt","r"))==NULL) {
7            printf("オープンできません¥n");
8            return 9;
9        }
10       i=0;
11       max=-9999;
12       min=9999;
13       while(fscanf(f,"%d",&x)!=EOF) {
14           if(x>max) {
15               max=x;
16               imax=i;
17           }
18           if(x<min) {
19               min=x;
20               imin=i;
21           }
22           i++;
23       }
24       fclose(f);
25       printf("最大値      :  %d¥n",max);
26       printf("最大の位置  :  %d¥n",imax);
27       printf("最小値      :  %d¥n",min);
28       printf("最小の位置  :  %d¥n",imin);
29       return 0;
30   }
```

```
最大値      :  924
最大の位置  :  13
最小値      :  68
最小の位置  :  21
```

ファイル data13_4.txt の内容
1   754 812 233 491 144 529 359 718 218 245
2   901 846 143 924 753 73 468 502 884 191
3   226 68 574 288 190 284 392 404 636 327

例題 13.4 は，データをファイルから読み込んで最大値と最小値を求めるプログラムである．配列は使っていない．

さて，例題 13.4 のように最初のデータを仮の最大値や最小値にしてもよいが，データの範囲がわかっている場合は，その範囲外に仮の最大値，最小値を決めてもよい．ここでは，ファイルの数値は 3 桁の正の整数であることがわかっているとして，仮の最大値を-9999，仮の最小値を 9999 にしている．このような場合は最初のデータを特別扱いする必要はない．

13.4 合計の計算

例題 13.5

```
1    /*  example-13.5  */
2    #include <stdio.h>
3    int main(void) {
4        int x[7]={3,1,4,1,5,9,2},n,i,sum;
5        n=7;
6        sum=0;
7        for(i=0;i<=n-1;i++) sum+=x[i];
8        printf("合計は%d\n",sum);
9        return 0;
10   }
```

合計は 25

このプログラムは，配列の整数値の合計を計算している．

■ 配列の和

配列 x[0]～x[n-1] の値の和を求めるには，和を入れる変数に始めに 0 を代入しておき，それに順に配列の値を加える．

```
        sum=0;
        for(i=0;i<=n-1;i++) sum+=x[i];
```

この方法は配列でなくても，入力された値や計算された値の合計にも有効である．例題 5.7 でこの方法が用いられている．

ところで，変数は宣言しただけの状態では値は不定である．他の言語では初期値として 0 を保障するものもあるが，C 言語ではそれはない．初期値設定を行うか，代入文で 0 を入れる必要がある．したがって上の sum=0 は絶対に必要なのである．

13.5 チェックマーク

例題 13.6

```
1    /*  example-13.6  */
2    #include <stdio.h>
3    int main(void) {
4        int used[10], i, x, count;
5        for(i=0;i<=9;i++) used[i]=0;
6        count=0;
7        printf ("0〜9 から 3 つ選んでください¥n");
8        while(count<3) {
9            printf ("いくつ？ ");
10           scanf ("%d",&x);
11           if (x<0 || x>9) {
12               printf("範囲は 0〜9 です¥n");
13               continue;
14           }
15           if (used[x]==1) {
16               printf("%d は既に選ばれています．¥n",x);
17               continue;
18           }
19           used[x]=1;
20           count++;
21       }
22       printf ("選んだ数は ");
23       for(i=0;i<=9;i++) if (used[i]==1) printf ("%d ",i);
24       printf ("¥n");
25       return 0;
26   }
```

```
0〜9 から 3 つ選んでください
いくつ？ 7
いくつ？ 4
いくつ？ 7
7 は既に選ばれています．
いくつ？ 2
選んだ数は 2 4 7
```

　これは，人間に 0 〜 9 の数から 3 種類の数を選ばせるプログラムである．単に 3 回入力するのではなく，重複して選んだ場合は警告を出して 3 種類の数がそろうまで入力を続ける．

■ チェックマーク

　番号や配列のデータを，何らかの用途に使ったか否かを確認するには，データと同サイズの
配列を用意して未使用／既使用の区別の数値を与えればよい．たとえば未使用は 0，既使用は
1 などとする．たとえば 0 〜 9 のデータの未使用／既使用を調べる場合，

```
int  i,used[10];
for(i=0;i<=9;i++)  used[i]=0;
          ⋮
n を使ったら    used[n]=1;
          ⋮
m が使用済みかのチェックは  if (used[m]==1) …
```

とできる．例題ではこれを使って，同じ数を重複して選べないようになっていることに注目し
よう．

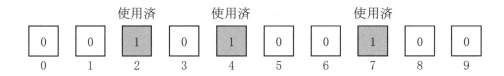

　これは，未使用／既使用ばかりでなく，条件への適否などのチェックマークとしても使える．

13.6 カウント

```
1    /*  example-13.7  */
2    #include <stdio.h>
3    int main(void) {
4        int x[16]={53,21,34,31,25,129,12,80,28,98,7,24,92,51,54,5},
5            count[11],i,d,n;
6        n=16;
7        for(i=0;i<=10;i++) count[i]=0;          /* カウンターのクリア */
8        for(i=0;i<=n-1;i++) {
9            d=x[i]/10;
10           if (d>10) d=10;                      /* 100 以上の場合 */
11           count[d]++;                          /* カウント */
12       }
13       for(i=0;i<=9;i++) printf ("%5d 台 :%2d\n", i*10,count[i]);
14       printf ("100 以上 :%2d\n",count[10]);
15       return 0;
16   }
```

```
  0 台 : 2
 10 台 : 1
 20 台 : 4
 30 台 : 2
 40 台 : 0
 50 台 : 3
 60 台 : 0
 70 台 : 0
 80 台 : 1
 90 台 : 2
100 以上 : 1
```

このプログラムは，配列の値が 0 台，10 台，20 台，… にいくつずつあるかカウントしている．配列を使って 11 個のカウンターを用意している．

■ カウント

　何がいくつあるか，処理を何回行ったかなど回数を数えることが必要になることがよくある．これには，ある変数を 0 に初期化しておいて，カウントするときに 1 増やすということをすればよい．

```
count=0;
    ⋮
count++;
    ⋮
```

　分類して，かつ数えるという場合はカウンタの配列を使えばよい．例題のプログラムは配列の整数データを 0〜9, 10〜19, …, 90〜99 と 100 以上に分けて配列 count[i]で数える．このとき添え字の i がデータの数の 10 の位に等しい．

　いずれにしてもカウンターを始めに 0 にしておくことを忘れないように．

13.7 ソート

例題 13.8

```
1    /*  example-13.8  */
2    #include <stdio.h>
3    int main(void) {
4        int x[20]={51,4,8,41,59,6,65,9,5,62,78,93,23,84,3,63,33,7,2,40}, i, j, m, n, t;
5        n=20;
6        printf("ソート前¥n");
7        for(i=0;i<n;i++) printf("%d ",x[i]);
8        for(i=0;i<=n-2;i++) {
9            m=i;
10           for(j=i+1;j<=n-1;j++) if(x[j]<x[m]) m=j;
11           t=x[i];  x[i]=x[m];  x[m]=t;
12       }
13       printf("¥n ソート後¥n");
14       for(i=0;i<n;i++) printf("%d ",x[i]);
15       printf("¥n");
16       return 0;
17   }
```

```
ソート前
51 4 8 41 59 6 65 9 5 62 78 93 23 84 3 63 33 7 2 40
ソート後
2 3 4 5 6 7 8 9 23 33 40 41 51 59 62 63 65 78 84 93
```

例題 13.8 は配列の整数を**ソート**（大きさの順に並べ換え）して表示するプログラムである．ここでは比較的単純な**選択ソート**と呼ばれるアルゴリズムを使っている．8 行目から 12 行目がソートの部分である．

■ 選択ソート

選択ソートでx[0]～x[n-1]を昇順（小→大の順）に並べ変えるには次のようにする.

1）x[0]～x[n-1]の範囲で最小値を見つけ，それとx[0]を交換する.

　　ここで最小値がx[0]に移動する.

2）x[1]～x[n-1]の範囲で最小値を見つけ，それとx[1]を交換する.

　　ここで2番目に小さい値がx[1]に移動する.

3）以下，同様にx[i]～x[n-1]の最小値とx[i]を交換することを，iがn-2になるまで繰り返せ
　　ばソートが終了する.

なお，同じ考え方で最大値を後ろから順に詰めていく方法もある. また，降順でソートしたい場
合は，最小値と最大値を読み換えて考えればよい.

ソートのアルゴリズム

　ソートのアルゴリズムは選択ソート以外に，バブルソート，挿入ソート，シェルソー
ト， … など非常に多く，それぞれのソートの速さには大きな差がある. 選択ソー
トやバブルソートは，アルゴリズムが単純な分だけ速さの点では劣っている. とくに
データ数が多くなるとその差が顕著になるので，多量データのソートには不向きであ
る. もっとも速いソートアルゴリズムとしては，クイックソートが知られている. こ
れは後の節で説明する再帰的呼び出しの考え方が必要になる.

13.8 サーチ

例題 13.9

```
1    /* example-13.9 */
2    #include <stdio.h>
3    int main(void) {
4        int i,s,n,x[200];
5        FILE *f;
6        if((f=fopen("data13_9.txt","r"))==NULL) {
7            printf("ファイルが開けません¥n ");
8            return 9;
9        }
10       n=0;
11       while(fscanf(f,"%d",&x[n])!=EOF) n++;
12       fclose(f);
13       printf("探す数 ? ");
14       scanf("%d",&s);
15       for(i=0;i<n;i++) if(x[i]==s) break;
16       if(i<n) printf("%d 番で見つかりました¥n",i);
17       else printf("見つかりませんでした¥n");
18       return 0;
19   }
```

探す数 ? <u>38</u>
43 番で見つかりました

探す数 ? <u>80</u>
見つかりませんでした

ファイル data13_9.txt の内容

```
1    50 98 90 56  9 95 15 48 59 24 33 71 25 92 23 84  8 63 86 19 41  2 72 60 17
2    52 11 49 21 70 51  5 93 73 58 27 37 99 13 18 96 62  1 38  4 20 42 55  0 12
3    30 36  6 10 45 32 87 74 46 67  0 91 66 16 78 65 35 14 76 26 81 22 85 68 61
4     7 34 83 69 40 77 94 29 44 79 28 47 64 75 53 43 54 97 89  3 31 88 39 82 57
```

　例題 13.9 はファイルに記録された整数データから指定の数を探し，何番目にあったかを示す．多くの数値列の中から，ある値を探し出すことを**サーチ**（検索）という．サーチの方法は，そのデータ列がどのように与えられているかによって異なる．まったくランダムなデータ列の場合は端から 1 つずつ調べていくしかない．この方法は**リニアサーチ**という．このアルゴリズムは，とにかく 1 つずつ一致するかどうかを確認することを繰り返す．最後のデータまで行きついても一致しない場合は，求めるデータがなかったことになる．for の繰り返しが最後まで行きついたかどうかは，ループ変数が n になったか否かで判定できる．

例題 13.10

```
1   /* example-13.10 */
2   #include <stdio.h>
3   int main(void) {
4       int n,p,hi,lo,mid,x[200];
5       FILE *f;
6       if((f=fopen("data13_10.txt","r"))==NULL) {
7           printf("ファイルが開けません\n");
8           return 9;
9       }
10      n=0;
11      while(fscanf(f,"%d",&x[n])!=EOF) n++;
12      fclose(f);
13      printf("探す数? ");
14      scanf("%d",&p);
15      lo=0; hi=n-1;
16      while(lo<=hi) {
17          mid=(lo+hi)/2;
18          if(p==x[mid]) break;
19          if(p>x[mid]) lo=mid+1; else hi=mid-1;
20      }
21      if(lo<=hi)  printf("%d番目にありました\n",mid);
22      else    printf("見つかりませんでした\n");
23      return 0;
24  }
```

探す数? <u>137</u>
38 番目にありました

探す数 ? <u>138</u>
見つかりませんでした

ファイル data13_10.txt の内容

1	2	8	13	14	16	19	24	40	42	44	46	48	50	51	55	58	61	64	65	67
2	69	79	82	83	86	87	90	95	97	99	103	105	108	109	117	119	123	132	137	141
3	148	152	158	164	165	169	170	174	181	192	198	201	205	207	222	230	233	237	238	240
4	244	252	253	281	287	288	291	293	297	299	308	310	316	322	328	333	335	338	344	346

例題 13.10 は，昇順に並んだ数値列から指定の数を探し出すプログラムである．

ソートされたデータ列をサーチする場合は，ある 1 つのデータを見れば，探すべきデータがそこよりも前にあるのか，後にあるのかの情報が得られる．これを利用したのが**バイナリサーチ（二分検索）**である．x[0]〜x[n-1] が小さい順に並んでいる場合に，p を探し出すバイナリサーチの手順は次のようになる．

1）データが左から右に並んでいる状態を考える．ここで，lo を探す区間の左端，hi は右端の位置番号として，

    lo=0, hi=n-1 とする．

2）区間の中心位置の番号を mid として

    mid=(lo+hi)/2

を求める（2 で割り切れないときは切り捨て）．

3）p と x[mid] が一致したら終了（発見）．
一致しないときは

    p>x[mid]なら　lo=mid+1　として　2）へ
    p<x[mid]なら　hi=mid-1　として　2）へ

lo	p<x[mid]ならこの範囲	mid	p>x[mid]ならこの範囲	hi

ただし，一致するデータがないと行き過ぎて lo>hi という状態になってしまう．その場合は，2）の段階でこれをチェックして終了すればよい．処理過程の具体例を下に示す．

11 を探す場合

```
lo                  mid              hi
2   5   8   11  17  25  26  38  40  45  52

lo      mid     hi
2   5   8   11  17  25  26  38  40  45  52
            mid
            lo  hi
2   5   8   11  17  25  26  38  40  45  52
```

↑
見つかる

10 を探す場合

```
lo                  mid              hi
2   5   8   11  17  25  26  38  40  45  52

lo      mid     hi
2   5   8   11  17  25  26  38  40  45  52
            mid
            lo  hi
2   5   8   11  17  25  26  38  40  45  52
            mid
            hi  lo
2   5   8   11  17  25  26  38  40  45  52
```

↑
見つからない（hi<lo になる）

13.9 シャッフル

例題 13.11

```
1    /* example-13.11 */
2    #include <stdio.h>
3    #include <stdlib.h>
4    #include <time.h>
5    #define N 13
6
7    void shuffle(int x[],int n);
8
9    int main(void) {
10       int x[N],i;
11       srand((unsigned int)time(NULL));
12       for(i=0;i<N;i++) x[i]=i+1;
13       printf("シャッフル前 ");
14       for(i=0;i<N;i++) printf("%3d",x[i]);
15       shuffle(x,N);
16       printf("\n シャッフル後 ");
17       for(i=0;i<N;i++) printf("%3d",x[i]);
18       printf("\n");
19       return 0;
20   }
21
22   void shuffle(int x[], int n) {
23       int i,k,t;
24       for(i=n-1;i>1;i--) {
25           k=rand()%(i+1);
26           t=x[i];
27           x[i]=x[k];
28           x[k]=t;
29       }
30   }
```

```
シャッフル前    1  2  3  4  5  6  7  8  9 10 11 12 13
シャッフル後    6  9 11  7  4 13 10  8  1  2 12  3  5    （注 実行結果は毎回異なる）
```

　これは，1〜13 の整列データをシャッフルするプログラムである．シャッフルとはごちゃ混ぜにするとか，トランプのカードを切るという意味である．プログラムにおいてはランダムな順に並ぶデータを作りたいことがある．ソートの逆の作業ともいえる．バラバラにするアルゴリズムはいろいろ思い浮かぶかもしれないが，偏りなくシャッフルするのは意外と難しい．

■ シャッフル

ここで使うアルゴリズムは，数を書いたカードを袋に入れておき，1 枚ずつランダムに取り出すことをイメージするとわかりやすい．

N 個のデータが配列 x[0]～x[N-1]に入っているものとすると，次のような手順になる．

　1）はじめに，配列要素全体の番号 0～N-1 の範囲で乱数を発生させる．その番号の要素と最後尾の要素を交換する．つまり，出た乱数を k とすれば，x[k]と x[N-1]を交換する．

　2）次は，最後尾を除いて 0～N-2 の範囲で乱数を発生させ，その番号の要素と範囲の最後尾（x[N-2]）を交換する．

　3）同じようにして，範囲を 1 つずつ狭めながら範囲が 2 個になるまで繰り返す．

N が 13 の場合を図で示すと次のようになる．丸数字が交換するデータで，網掛けのマスはすでに決定した部分である．最後に範囲が 1 個となったときは選択・交換は必要ない．

1	2	3	4	⑤	6	7	8	9	10	11	12	⑬
1	2	③	4	13	6	7	8	9	10	11	⑫	5
1	2	⑫	4	13	6	7	8	9	10	⑪	3	5
1	②	11	4	13	6	7	8	9	⑩	12	3	5

$$\vdots$$

⑨	⑥	11	7	4	13	10	8	1	2	12	3	5
6	9	11	7	4	13	10	8	1	2	12	3	5
6	9	11	7	4	13	10	8	1	2	12	3	5

例題では，乱数の種を毎回変えているので，実行結果は実行するごとに異なる．またデータの個数は#define で N として，関数 shuffle もデータ個数を与えるようにしている．#define の N の値を変えるだけでデータ個数は簡単に変えられる．

なお，上記のアルゴリズム 2）の部分で範囲の末尾と交換する相手を選択するとき，乱数の範囲を常に全体としてもいいと思われるかもしれない．しかし，その方法だとわずかではあるが得られる結果に偏りが出てしまう．

13.10　関数の再帰的呼び出し

例題　13.12

```
1   /*  example-13.12  */
2   #include <stdio.h>
3
4   int fact(int n);
5
6   int main(void) {
7       int y,x;
8       printf("整数を入力してください ");
9       scanf("%d",&x);
10      if(x<0 || x>12) {                  /* int の範囲では 12!まで */
11          printf("それではできません¥n"); return 1;
12      }
13      y=fact(x);
14      printf("%d の階乗は%d です. ",x,y);
15      return 0;
16  }
17
18  int fact(int n) {
19      if(n<=1) return 1;                 /* 1 以下なら 1 で決定 */
20      return n*fact(n-1);                /* 再帰的に自分を呼び出す */
21  }
```

整数を入力してください <u>7</u>
7 の階乗は 5040 です.

　このプログラムは，キーボードから入力した数の階乗を計算する．n の階乗は 1 から n まで
をかけて計算するのが普通であるが，次のように定義することもできる.

$$n!=n\times(n-1)!\quad\text{ただし }0!=1$$

　この場合，階乗を定義するのに階乗を使っている．これを再帰的定義という．C 言語の関数
は再帰的な呼び出しが可能なので，上の定義を使って階乗を計算することができる.

■ 再帰的呼び出し

　C 言語の関数は再帰的に呼び出すことができる．**再帰的呼び出し**とは，ある関数の中でその
関数自身を呼び出すことである．たとえば

```
func (…) {
        …
        func (…);
        …
}
```

というようなことができるのである．なぜこんなことができるのかというと，C 言語では関数内の変数は他から独立しているからである．上の関数 func が呼び出されると，必要な変数のための記憶領域が確保される．そしてこの func が自分自身 func を呼び出すといっても，関数の先頭に戻るわけではない．func と同じものをもう 1 つ作ってそこで作業をする．もちろん変数の記憶領域も別だから，一度記憶した内容を壊してしまうようなことはない．呼び出された 2 つ目の func から，また 3 つ目の func が呼び出され，さらに 4 つ目の … となるから，作業領域つまりメモリーはどんどん消費することになる．

このままではいつまでも呼び出しが続いてしまう．そこで，実際の再帰的なアルゴリズムでは，必ず呼び出しが止まる仕掛けが仕組んである．だから

$$if(…)\ return\ …;$$

というように，何らかの条件が成立したときは，もう呼び出しを行わないで，すぐに戻るという記述が必ずなければならない．

例題の場合は，呼び出しが繰り返されるうちに引数の値はだんだん小さくなる．そして 1 になったところで，戻り値 1 が決定するので呼び出しをやめてリターンすることになる．

なお，例題 13.12 では int 型として計算しているため 12！までしか求められないが，double 型の関数とすれば，さらに大きい値の階乗でも計算できる．

例題 １３.１３

```
1   /*  example-13.13  */
2   #include <stdio.h>
3   int count;
4   char x[10],alphabet[10]={'A','B','C','D','E','F','G','H','I','J'};
5
6   void array(int n,int level);
7
8   int main(void) {
9       int i,m,n;
10      printf("全部で何文字並べますか ");
11      scanf("%d",&n);
12      if(n>6) {
13          printf("非常に時間がかかります\n");
14          return 1;
15      }
16      count=0;
17      array(n,0);
18      return 0;
19  }
20
21  void array(int n,int level) {
22      int i;
23      if(level>=n) {                      /* n 個並んだら表示してリターン */
24          count++;
25          for(i=0;i<n;i++) printf("%c ",x[i]);
26          printf("   %d\n",count);
27          return;
28      }
29      for(i=0;i<n;i++) {                  /* 要素を順に取り出す */
30          x[level]=alphabet[i];           /* 要素の決定 */
31          array(n,level+1);               /* 再帰的呼び出し */
32      }
33  }
```

```
全部で何文字並べますか 4
A A A A     1
A A A B     2
A A A C     3
A A A D     4
A A B A     5
A A B B     6
        ・
        ・
        ・
D D D C     255
D D D D     256
```

　このプログラムは，アルファベットの最初の n 文字でできる文字列をすべて表示するプログラムである． n は実行時にキーボードから与える．

■ 枝分かれのある再帰的呼び出し

　例題 13.12 では関数が自分を呼び出す回数は 1 回だけなので呼び出し関係は右の図のように直線的である．しかし，関数の中で再帰的呼び出しを 2 回以上行うと，呼び出し関係は枝分かれする木のようになる．これを利用すると，順列や組み合わせをすべて発生させるというようなことが簡単に行える．

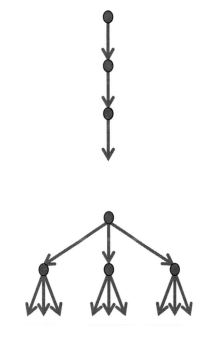

　例題 13.13 はこれを利用してすべての順列を求めている．まず 1 文字目を決めるために関数 array を呼び出し，そこから 2 文字目を決めるため，また array を呼び出し，さらに 3 文字目 … と所定の文字数が揃うまで再帰的に array を呼び出す．

　しかも，各段階で決める文字は何種類もあるので，処理は繰り返しになっている．例題でたとえば n を 3 として実行した場合を考えると，右の図のように枝がその先で 3 本に分かれるような木になる．そして，この枝をすべてたどっていくと，すべての組み合わせを作ることができる．

　枝分かれする木は，階層が増えると節点の数が爆発的に増えてしまう．そのため，プログラムは単純でも処理回数が膨大で計算時間が非常に長くなる．例題の中で n が 6 を超えるとき，「非常に時間がかかります」と表示されるのはこのためである．

　また，関数の呼び出しの階層が増えると，それに応じて使うメモリーの量も増える．サイズの大きな配列を使う関数では，このことにも注意をしなくてはならない．

　なお，このような再帰的処理は，チェスや将棋のようなゲームの先読みのアルゴリズムにも応用できる．そこでも先読みの手数が増えれば，考えられる状態がどんどん増えることは想像できるだろう．

13.11 2進数に関する処理

例題 13.14

```
1   /*  example-13.14  */
2   #include <stdio.h>
3   int main(void) {
4       unsigned char z, a, b, c;
5       z=188;
6       printf("符号なし8ビット整数 %3d (%02X) の¥n", z, z);
7       a=z & 0x0F;
8       printf("上位4ビットを0にすると    %3d   (%02X) ¥n", a, a);
9       b=z & 0xF0;
10      printf("下位4ビットを0にすると    %3d   (%02X) ¥n", b, b);
11      c=~z;
12      printf("全ビットを反転すると       %3d   (%02X) ¥n", c, c);
13      return 0;
14  }
```

```
符号なし8ビット整数 188 (BC) の
上位4ビットを0にすると     12   (0C)
下位4ビットを0にすると    176   (B0)
全ビットを反転すると       67   (43)
```

特定のアルゴリズムというわけではないが，データを2進数で扱うと便利な処理もある．そのための2進数演算などの方法を見ておこう．

これは char 型の8ビット整数に対して，ビットごとにいろいろな論理演算を行うプログラムである．括弧内の数は16進数である．

■ unsigned char

char 型の変数を宣言するとき，unsigned を付けると符号なし整数として扱われる．したがって記憶できる範囲は 0～255 となる．逆に符号付きであることを明記したいときは signed char とする．何も書かない場合は signed として扱うコンパイラが多い．

unsigned としても signed としても，記憶されるデータの2進数データに変わりはない．それを printf などで表示する場合に，符号付きか符号なしかの扱いが異なるだけである．たとえば2進数のデータ 11111111 は signed なら -1，unsigned なら 255 と表示される．

■ ビット演算子

数値を2進数で考えた場合の各桁にい
ろいろな演算を行うことができる．演算
子は大別して，2つの項に作用する2項
演算と，1つの項に作用する単項演算と
に分けられる．

演算子	名　称	意　味
&	ビット積演算子	AND（論理積）
｜	ビット和演算子	OR（論理和）
^	ビット差演算子	XOR（排他論理和）
~	補数演算子	ビットの逆転

2項演算では表のように &（論理積），｜（論理和），^（排他論理和）の演算子がある．これ
らの演算は，2項の同じ位置の桁どうしですべての桁について行われる．書き方は + - など
の算術演算子と同じように，項と項との間に演算子を置く．2項演算子は a & b & c のように
3項以上に対して使うこともできる．ただし，演算の順序には優先度が決められているので注
意が必要である（付録3参照）．

2項演算子の例

a & b
x ｜ y ｜ 63
byte1 ^ byte2

単項演算子には補数演算子 ~ がある．これはすべてのビットで 1 は 0 に，0 は 1 に変え
る．つまり補数というのは1の補数という意味である．書き方は，項の前に演算子を置く．

単項演算子の例

~byte2
~(a & b)

注）ビット演算は int 型に対しても行うことができる．

■ ビットのマスク

例題 13.14 の 7 行目では変数 a の 188 と，16 進数 0F との論理積を求めている．これは

188	10111100
0x0F	00001111
	↓
12	00001100

というように 2 数の各桁の論理積を求めるので，a の上位 4 ビットを強制的に 0 にして下位 4 ビットはそのままとすることになる．同様に 9 行目では a と 0xF0 との論理積をとるので，下位 4 ビットが 0 となり上位 4 ビットは変わらない．

　このように 2 進数の特定の桁だけ取り出すには，取り出す桁を 1，隠す桁を 0 にした 2 進数との &（論理積）をとる．これはビットを隠すという意味で，ビットのマスクといわれる．

例題 13.15

```
1    /*  example-13.15  */
2    #include <stdio.h>
3    int main(void) {
4        unsigned char a,sleft,sright;
5        int i;
6        a=20;
7        printf("8 ビット符号なし整数 %3d をシフトすると¥n",a);
8        printf("ビット　　左　　　　右¥n");
9        for(i=1;i<8;i++) {
10           sleft=a<<i;
11           sright=a>>i;
12           printf("  %1d     %3d     %3d¥n",i,sleft,sright);
13       }
14       return 0;
15   }
```

```
8ビット符号なし整数　20 をシフトすると
ビット　　左　　　右
  1      40      10
  2      80       5
  3     160       2
  4      64       1
  5     128       0
  6       0       0
  7       0       0
```

　これは char 型の 8 ビット整数を，2 進数として左や右にビットをシフトするプログラムである．シフトビット数は 1 から 7 までとして，左シフトと右シフトの結果を表示している．

■ << と >>

演算子 << と >> は，それぞれ 2 進数のビットシフトを行う演算子で

> 変数 << ビット数

と書くと，ビット数だけ左シフトさせる．同様に

> 変数 >> ビット数

なら右シフトである．シフトとは 2 進数で表現した場合の桁を移動することで，大きい方の桁へ移動するのが左シフト，小さい方の桁へ移動するのが右シフトである．シフトして左または右にはみ出した値は無視される．また左シフトであいた下位，あるいは右シフトであいた上位には 0 が入る．ローテーションのように，はみ出した桁を反対側にまわすことはしない．

例題の結果を 2 進数で表すと次のようになる．

シフト量 [ビット]	左シフト		右シフト	
	2 進数	10 進数	2 進数	10 進数
0	00010100	20	00010100	20
1	00101000	40	00001010	10
2	01010000	80	00000101	5
3	10100000	160	00000010	2
4	01000000	64	00000001	1
5	10000000	128	00000000	0
6	00000000	0	00000000	0
7	00000000	0	00000000	0

左シフトでは，最上位のはみ出し（オーバーフロー）がないときは，1 ビットごとに数値が 2 倍になる．また右シフトでは，1 ビットシフトするごとに 2 で割った数になる．

シフト演算子の例

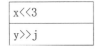

```
x<<3
y>>j
```

注 1） シフト演算は int 型に対しても行うことができる．

注 2） char 型でも int 型でも，符号付き整数（signed または無指定）の場合は注意が必要である．負の数をシフトすると，符号が変わったりして意味のない演算になってしまうことがある．またコンパイラによって動作が異なる場合もある．正の範囲だけで使うか，符号なし整数（unsigned）として使う必要がある．

問 題

ドリル 以下の問いに答えなさい.

1) アルゴリズムとはどんな意味か.

2) 変数 a と b の内容を，第 3 の変数 t を使って交換するための 3 つの代入文を書け.

3) 数列 $(1, 2, 3, 4, 5)$ を $(2, 3, 4, 5, 1)$ のように左移動でまわすことを何というか.

4) 3)の場合，最初に退避するべきデータはどれか.

5) ランダムな順に並んだ数値データを大きさの順に並べ換えることを何というか.

6) 配列 $x[0] \sim x[10]$ から最大値を求める方法を簡単に述べよ.

7) 配列 $x[0] \sim x[10]$ の値の合計を求める方法を簡単に述べよ.

8) ランダムな順のデータ列の検索には，すべてを順に総当りで調べる．これを何というか.

9) 大きさの順に並んだデータ列から特定の値を検索するには，範囲を 2 等分して検索範囲をしぼり込む方法が使える．これを何というか.

10) 関数がその関数自身を呼び出すことを何というか.

問題 13-1 次のプログラムの実行結果を予測しなさい.

```
#include <stdio.h>
int main(void) {
    int x[7]={7, 16, 4, 23, 6, 3, 9}, a, b, c, i;
    a=b=x[0];
    for(i=1;i<7;i++) {
        if(x[i]>a) a=x[i];
        if(x[i]<b) b=x[i];
    }
    c=a-b;
    printf("%d¥n", c);
    return 0;
}
```

```
#include <stdio.h>
int main(void) {
    int x[7]={7, 16, 4, 23, 6, 3, 9}, i, s;
    s=0;
    for(i=0;i<7;i+=2) s+=x[i];
    for(i=1;i<7;i+=2) s-=x[i];
    printf("%d¥n", s);
    return 0;
}
```

```
#include <stdio.h>
int main(void) {
    int x[5]={1, 2, 3, 4, 5}, i, t;
    t=x[0];
    for(i=1;i<5;i++) x[i-1]=x[i];
    x[4]=t;
    for(i=0;i<=4;i++) printf("%d ", x[i]);
    return 0;
}
```

```
#include <stdio.h>
int main(void) {
    int a[9], z[9], i;
    for(i=0;i<=8;i++) a[i]=i+1;
    for(i=0;i<=8;i++) z[i]=0;
    z[3]=z[5]=z[6]=z[8]=1;
    for(i=0;i<=8;i++) {
        if(z[i]==0) printf("%d", a[i]);
    }
    return 0;
}
```

```
#include <stdio.h>
int main(void) {
    int j, k;
    char w[]="polyethylene";
    j=k=0;
    while(w[j]!='¥0') {
        if(w[j]>'s') k++;
        j++;
    }
    printf("%d", k);
    return 0;
}
```

```
#include <stdio.h>
void func(int g);
int main(void) {
    func(7);
    return 0;
}
void func(int g) {
    if(g<1) return;
    printf("%d ", g);
    func(g-2);
}
```

問題 13-2 キーボード入力した文字列を右ローテーションして表示するプログラムを完成させなさい.

```
#include <stdio.h>
#include <string.h>
int main(void) {
    char w[100],t;
    int j,n;
    printf("文字列を入れて ");
    gets(w);
    n=strlen(w)-1;
    t=□;
    for(j=n;j>0;j--) w[j]=□;
    w[0]=□;
    puts(w);
    return 0;
}
```

実行結果
```
文字列を入れて Lion
nLio
```

問題 13-3 キーボード入力した文字列を文字コード順に並べ換えて表示するプログラムを作りなさい.

実行結果
```
文字列を入れて capricorn!
!accinoprr
```

問題 13-4 次のプログラムはキーボードから整数を 5 回入れて，最大とその次に大きい数を表示する．空欄を埋めてプログラムを完成させなさい.

```
#include <stdio.h>
int main(void) {
    int i,x,first=-1,second=-2;
    for(i=0;i<5;i++) {
        printf("正の整数を入れて ");
        scanf("%d",&x);
        if(x>second) {
            second=□;
            if(x>first) {
                □=first;
                first=x;
            }
        }
    }
    printf("1 位 %d 2 位 %d¥n",first,second);
    return 0;
}
```

実行結果
```
正の整数を入れて 24
正の整数を入れて 37
正の整数を入れて 11
正の整数を入れて 65
正の整数を入れて 5
1位 65 2位 37

正の整数を入れて 80
正の整数を入れて 57
正の整数を入れて 32
正の整数を入れて 14
正の整数を入れて 68
1位 80 2位 68
```

問題 13-5 $n!!$ は以下のように定義される．下のプログラムはこの関数を再帰的な計算で求めている．空欄を埋めなさい．

$$n!!=n\times(n-2)\times(n-4)\times\cdots\times1 \qquad n\,が奇数のとき$$
$$n!!=n\times(n-2)\times(n-4)\times\cdots\times2 \qquad n\,が偶数のとき$$
$$0!!=1\ ,\quad 1!!=1$$

```
#include <stdio.h>
int func(int n);
int main(void) {
    int n,a;
    printf("整数を入れて ");
    scanf("%d",&n);
    a=func(n);
    printf("%d!!=%d¥n",n,a);
    return 0;
}
int func(int n) {



}
```

```
─── 実行結果 ───
整数を入れて 8
8!!=384

整数を入れて 1
1!!=1
```

 # 他にも知っておきたい知識

　ここまでで，C 言語の基本はほとんど学ぶことができたと思う．ただ，初心者にはあまり使われない方法，あるいはあまり推奨できない用法などはあえて省略してきた．それでも他人が書いたプログラムを読むにあたっては知っておいた方がよいこともある．そこで，これまでに説明しなかった項目のいくつかをここで紹介しておく．

■ 増減演算子の前置き　（ ++a　--a ）

　「++」や「--」は整数の変数の値を 1 だけ増減するときに使う．一般的には

```
a++;
```

のように変数の後ろに書いて使うが，これを

```
++a;
```

と「++」を先に書いても同じ効果が得られる．このように単独で増減を行うにはどちらを使っても同じである．しかし，以下のような使い方をすると違いが明らかになる．

```
1)  x=a++;
2)  x=++a;
```

　1)の場合は，x=a の代入が行われた後に a の値が 1 増える．それに対して 2)では a の値を 1 増した後で代入が行われる．これは初心者でなくともわかりにくく間違いの原因になりやすい．上の例のような場合は多少長くなっても

```
1)  x=a;
    a++;
2)  a++;
    x=a;
```

のように書いた方がわかりやすく間違いも避けられる．そうであるなら**前置きの増減演算子は使わないようにしたい**．

■ for による無限ループ （ for(;;) ）

本書では無限ループを while(1) で作っているが，これを

```
for(;;) {
    ・・・
}
```

と書く人もいる．for の括弧の中をすべて省略すると while(1)と同じことになる．ただし2つ
のセミコロンは省略できない．どちらを使うかは好みの問題になる．

■ 条件演算子 （3項演算子）

条件演算子は，

```
a>b ? putchar('A') : putchar('B');
```

と書くと，条件式の a>b が真なら putchar('A')が，偽なら putchar('B')が実行されると
いうものである．これは

```
if(a>b) putchar('A'); else putchar('B');
```

と同じである．また，

```
x=(a>b) ? a: b;
```

と書くと，条件a>b が真ならx に a が代入され，偽なら x に b が代入される．つまり

```
if(a>b) x=a; else x=b;
```

と同じ動作をする．条件演算子は if を短く書けるものであるが，他にたいした利点はない．

■ アロー演算子 （ -> ）

->は構造体をポインタで扱うときに，そのメンバーを参照するために使うもので，
「*」と「.」を合わせたようなものである．

以下のようにタグdata の構造体s があり，p はそれを指すポインタであるとする．

```
struct data {
    int a;
    int b;
} s,*p;
p=&s;
```

このとき，s のメンバー a（s.a）はポインタ p で表すと

      (*p).a　　　　（注意 *p.a ではない）

となるが，これを

      p->a

と書くのがアロー演算子である．構造体をポインタで扱う場面ではよく出てくる．

■ 変数宣言の static

　通常は意識する必要がないが，変数には自動変数（auto）と静的変数（static）があり，宣言するときに型名の前に付けて

```
auto int x;
static int y;
```

のように書く．どちらも書かない場合は auto とみなされるので普通は自動変数である．

　二者の違いは，関数の中で宣言する場合に起こる．自動変数では，関数が呼び出されるときに初期化され，関数の終了時に消去される．それに対して静的変数では変数の初期化はプログラムの開始時 1 回だけで，関数が 2 回以上呼び出されたときは，前回の呼び出し終了時の値を保持している．下のプログラムで違いを確認できる．

```#include <stdio.h>```
```void func(void);```
```int main(void) {```
    ```func();```
    ```func();```
    ```return 0;```
```}```
```void func(void) {```
    ```int a=0;   /* 自動変数 */```
    ```printf("%d ",a);```
    ```a++;```
```}```
	```#include <stdio.h>```
	```void func(void);```
	```int main(void) {```
	    ```func();```
	    ```func();```
	    ```return 0;```
	```}```
	```void func(void) {```
	    ```static int a=0; /* 静的変数 */```
	    ```printf("%d ",a);```
	    ```a++;```
	```}```

0 0	0 1

■ 共用体（union）

　共用体はメンバーを持つことや宣言の仕方などは構造体とそっくりであるが，すべての
メンバーが1つの同じ記憶場所を持つという点で全く別物である．たとえば，

```
union data{
    int a;
    char c;
} x;
```

と宣言すると int 型のメンバー x.a と char 型のメンバー x.c は同じアドレスに記憶さ
れる（メンバーのサイズが異なるときは最大の長さで記憶領域がとられる）．つまりメン
バーがいくつあっても記憶領域は1つなので，構造体のメンバーのように別々の値を記憶
することはできない．

　利用法のひとつとして，同じ2進数データを異なる表現で読み取る場合などがある．つ
ぎのプログラムは，4バイトの int 型整数と，1バイトでサイズ4の char 型配列を共用体と
した例である．同じ4バイトのデータを1つの int と読むか，4つの char と読むかの違いで
ある．

```
#include <stdio.h>
int main(void) {
    union data {
        int a;
        unsigned char b[4];
    } x;
    int i;
    x.a=1234567890;
    printf("%d\n",x.a);
    for(i=3;i>=0;i--) printf("%02X ",x.b[i]);        /* メモリー内では逆順 */
    return 0;
}
```

```
1234567890
49 96 02 D2
```

■ main 関数の後置き

本書では，ユーザー関数を使うには必ずプロトタイプ宣言を行うとしているが，実は次の規則を守ればプロトタイプ宣言がなくてもエラーにならない．

呼び出される関数は，呼び出す関数より前に記述する．

しかし，この条件を満たすとどうしても main 関数が最後にくるので，プログラムの大きな動きが見えにくくなる．また呼び出しの関係で関数を書く順序が制限される．この煩わしさを避けるためにプロトタイプ宣言がある．プロトタイプ宣言を書けば最初に関数の一覧が見られるという意味でも，プロトタイプ宣言は必ず書くようにしたい．

```
...
void func1(void);
void func2(void);
int main(void) {
    ...
    func1();
    ...
}
void func1(void) {
    ...
    func2();
    ...
}
void func2(void) {
    ...
}
```

```
...
void func2(void) {
    ...
}
void func1(void) {
    ...
    func2();
    ....
}
int main(void) {
    ...
    func1();
    ...
}
```

C++への第一歩

14.1 ストリーム入出力

例題 14.1

```
1    // example 14.1
2    #include <iostream>
3    using namespace std;
4    int main() {
5        int a,b,kotae;
6        cout << "例題14.1 ";
7        cout << "整数の計算" << endl;
8        a=25;
9        b=47;
10       kotae=a+b;
11       cout << "答えは" << kotae << "です. " << endl;
12       return 0;
13   }
```

例題14.1 整数の計算
答えは72です.

　C++でのプログラミングではGUIの大きなプログラムを作ることが多い. そのためにオブジェクト指向という考え方が導入された. しかしそれを習う前に, オブジェクト指向と関係なく改良された部分を見ていこう. まずは, **ストリーム入出力**（キーボート入力と, 画面への文字表示）のプログラムを扱う. C++はC言語の上位互換なので, C言語の範囲で書いたプログラムでもコンパイルできる. しかし, ここではC++で追加された機能について述べる.

　始めにC言語の最初と同じように, 画面への文字や数値を出力するプログラムを例にして説明する. 上の例題は2つの数値を足し算して答えを表示するものである. main関数の書き方, 変数の使い方などの基本は変わっていない. しかし, これまで慣れ親しんできた printf は使わない. また注釈やヘッダファイルも異なる.

■ ソースプログラムのファイル名

プログラム作成の手順はC言語となんら変わりない．現在のC++のコンパイラはほとんどが
C++にもC言語にも対応している．C++とC言語を区別するのは，ソースプログラムのファイル
名の拡張子である．C++のプログラムの拡張子は「.cpp」にする．拡張子が「.c」だとC言語
の範囲の機能しか使えない．

■ 注釈

注釈の付け方はこれまでどおり「/*」と「*/」で囲む方法以外に，「//」で書き始める方法
が追加された．「//」は，そこから行末までが注釈であることを表す．行の途中で文の後ろに
書いてもよい．

注釈の例

```
// この行はコメント
int a,b,c;      //変数の宣言
```
（文の後に書いた注釈）

■ 標準ライブラリのインクルード

キーボードからの入力と画面に対する
出力を行うには「iostream」というライ
ブラリをインクルードする．これはC++
で追加されたもので，従来のヘッダファ
イルと違って「.h」がないことに注意し
よう．C++の他のヘッダファイル名にも
「.h」がない．主なヘッダファイルには
右の表のようなものがある．

名　前	説　明
iostream	標準入出力に関する処理
iomanip	入出力のマニピュレータに関する処理
fstream	ファイルの入出力に関する処理
string	文字列を簡単に扱える機能
cstdlib	C言語のstdlib.hに相当
cstring	C言語のstring.hに相当
cmath	C言語のmath.hに相当

■ ネームスペース

C++では始めから関数や変数がたくさん用意されていて，それらはクラスという単位ごとに
整理されている．したがって，あるキーワードを使うにはどのクラスのキーワードかを書かな
ければならない．しかし，特定のクラスのものだけ使うという場合は，一度ことわっておけば
あとはクラス名を省略してもいいという仕組みがある．

例題 14.1 の 3 行目の「using namespace std」というのはstdというクラスで定義された名

前を使うことを宣言している．6行目に現れる「cout」はクラスstdで定義されたものなので，本当は「std::cout」と書かなければいけないのだが，ここでは単に「cout」と書くだけでよくなるのである．

このように名前を使う範囲を**ネームスペース**（名前空間）と呼んでいる．あとで出てくる「cin」もstdで定義されているので，ここではコンソール入出力を使う場合の決まり文句として覚えておこう．

■ main 関数

main関数の書き方はC言語と同じである．細かいことであるが引数のvoidは正式に省略してもよいことになった．

■ cout による文字や数値の表示

C言語とは別の文字の表示方法が cout を使う方法である．cout とは console output つまり画面への出力の意味である．そして画面へ文字列を表示させるには，6行目のように

cout << "文字列"

とするだけでよい．改行したい場合は「endl」を付けて以下のようにする．

cout << "文字列" << endl

ただし，従来のように文字列の中の「¥n」を書く方法でも問題はない．
変数の中身を表示するにも

cout << 変数名

とするだけでよい．文字列と変数の値を交ぜて表示させるには11行目のように，文字列や変数名を出てくる順に「<<」でつなげればよい．

また，printf では必ず書いていた「%d」のような変換指定子はない．自動的に変数の型に合わせてくれる．

cout の例

cout << "Hello¥n";
cout << x << " " << y;
cout << "answer = " << x << endl;

Column

coutでの書式指定

coutによる変数の値の表示では「%d」,「%f」,「%c」といった変換指定子に悩むことはない. 便利にはなったが, 逆に非標準的な表示が難しくなった. たとえばint型変数xの値を5桁で表示するには

cout << setw(5) << x

といった具合である. setwあるいは
例題に出きたendlなどはマニピュ
レータと呼ばれる. 引数のあるマニ
ピュレータを使う場合は

#include <iomanip>

が必要となる.

機　能	マニピュレータ
改行	endl
16進表示	hex
左詰め, 右詰め	left, right
桁数の指定	setw(int n)
小数桁数指定	setprecision(int n)

例題 14.2

```
1    // example 14.2
2    #include <iostream>
3    using namespace std;
4    int main() {
5        char name[50];
6        double height,weight,bmi;
7        cout << "名前　";
8        cin >> name;
9        cout << "身長（cm）　";
10       cin >> height;
11       cout << "体重（kg）　";
12       cin >> weight;
13       bmi=weight/(height*height)*10000;
14       cout << name << "さんの体格指数は " << bmi << endl;
15       return 0;
16   }
```

```
名前　George
身長（cm）　174.5
体重（kg）　67.2
George さんの体格指数は 22.0688
```

　こんどはキーボードからの入力のプログラムである．名前（文字）と身長（cm），体重(kg)を入力すると体格指数（BMI）を計算して表示する．C 言語で使った scanf や gets ではなく cin による入力である．

■ cinによるキーボード入力

　cin（console input）とは標準入力という意味で，通常はキーボードを指す．cout は標準出力で，両者を**標準ストリーム**と呼ぶ．

　キーボードから変数に入力するには，

　　　　cin >> 変数名　（文字配列のときは配列名）

とするだけでよい．scanf のときのように %d，%lf，%s などの変換指定子は必要ない．

cinの例

```
cin >> x;
```
```
cin >> data[i];
```

14.2 文字列

例題 14.3

```
1    // example 14.3
2    #include <iostream>
3    #include <string>
4    using namespace std;
5    int main() {
6        string s1,s2,s3;
7        int n;
8        s1="You like ";
9        cout << "好きなものは何？ ";
10       cin >> s2;
11       s3=s1+s2;
12       cout << s3 << endl;
13       n=s3.size();
14       cout << "この文は" << n << "文字です" << endl;
15       return 0;
16   }
```

```
好きなものは何？ elephants
You like elephants
この文は18文字です
```

　C++では文字列の扱いが便利になった．従来の char 型配列を使う方法に加えて string 型が導入された．string は正確には基本型ではなくてクラスというものであるが，あたかも string 型という型があるかのように使うことができる．

■ stringの代入と連結

　char 型配列の文字列では「=」で文字列を代入できなかったが，string 型では次のようにすることができる（例題 14.3 の 8 行目参照）．

　　　　文字列名="文字列"

とするだけでよい．また，例題 11 行目のように演算子「+」を使って文字列の連結ができる．

string の代入の例

s1="Peter";
s2=s1+" and";
s2+=" the wolf";

■ stringを扱う関数

string で宣言された文字列を扱う関数は，今までと違うので注意が必要だ．たとえば 13 行目の文字数を求める関数 size は size(s3) ではなく，s3.size() となっている．これは string がクラスであることの証しでもある．strlen のようにどんな文字列にでも使える関数というのではなくて，s3 専用の関数なのである．size 以外に以下のような関数もある．

機 能	string s についての使用例
m 文字目の文字を取り出す	s.at(m);
m 文字目を削除	s.erase(m);
m 文字目の位置に文字列を挿入	s.insert(m,"ABC");
m 文字目から n 文字を別の文字列に置き換え	s.replace(m,n,"ABC");

14.3 クラス

例題 14.4

```
1    // example 14.4
2    #include <iostream>
3    using namespace std;
4
5    class Person {
6    public:
7        int number;
8        string name;
9        int age;
10   };
11
12   int main() {
13       Person a,b;
14       a.number=2135;
15       a.name="George";
16       a.age=19;
17       cout << a.number << " " << a.name << " " << a.age << endl;
18       b=a;
19       cout << b.number << " " << b.name << " " << b.age << endl;
20       return 0;
21   }
```

```
2135 George 19
2135 George 19
```

　C++では**クラス**というものが非常に重要になる．クラスはC言語の構造体を発展させたものである．構造体はいくつかのデータ（変数や配列）をまとめて扱うものであった．クラスはデータに加えて関数も含めることができる．なぜ関数が必要かというと，クラス内のデータ専用の関数を用意するためである．そうすることによって，そのデータにぴったりの処理ができることと，汎用の関数を使うことによる予想外のエラーを防ぐことができるからである．

　このようにデータ（オブジェクト）を中心に考えることがオブジェクト指向である．例題14.4 と 14.5 はクラスの基本を示したものである．やっていることは構造体の例題 11.2 とほとんど同じで，番号と名前と年齢の3つのデータをまとめてクラスとしている．構造体の場合と比較しながら見ていこう．

■ クラスの定義

構造体は，始めにどんなデータを含むのかなどの定義をタグで行い，それにしたがって実体（構造体変数）をつくって利用した．クラスもまったく同様で，クラスを定義して，その後に実体（クラス型の変数）を宣言する．C++ではクラスの実体はインスタンスと呼ぶ．

クラスの宣言は，構造体のタグと同じようにメンバーとなる変数などを並べる．クラスの場合は，関数も含めることができてこれを**メンバー関数**と呼ぶ．

クラスの定義は次のように書く．

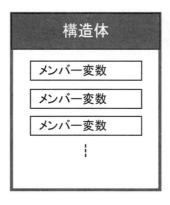
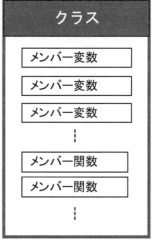

1）メンバー関数がない場合

```
class クラス名 {
        メンバー変数の宣言
}
```

2）メンバー関数がある場合

```
class クラス名 {
        メンバー変数の宣言
        メンバー関数のプロトタイプ宣言
}
メンバー関数の本体
```

例題 14.4 はメンバー関数のないクラスを使っている．クラス Person の定義が 5 行目〜 10 行目に書いてある．public については後で説明する．

■ インスタンスの生成

　構造体も構造体変数を作ってから使ったように，クラスも実体を作る．このことを**インスタンスの生成**という．具体的には int や double の変数を宣言するのと同じスタイルで，

　　　　クラス名　インスタンス名，インスタンス名，…；

とする．

　例題ではクラス Person のインスタンスとして 13 行目で a と b を生成している．

インスタンス生成の例

```
Myclass aa,bb;
```

■ クラスのメンバー

　クラスのメンバーの扱い方も構造体と似ている．クラスの外からメンバーを参照するには下のようにクラス名とメンバー名を「．」でつなぐ．

　　　　クラス名.メンバー変数名
　　　　クラス名.メンバー関数名

　クラスの場合はメンバー変数を内部で参照するということがある．それはメンバー関数の中のことである．その場合は単にメンバー変数名だけでよい（例題 14.5 参照）．

■ アクセス修飾子

　例題 14.4 では，Person 型クラスの a や b のメンバー変数を main 関数から参照している．
つまり a のメンバーに代入を行ったり，値を表示させたりしている．これはクラスの外からの
参照である．構造体ではこれは普通のことであるが，クラスではクラスの外からの参照は特別
に許可した場合だけ可能なことである．

　その許可をするのが**アクセス修飾子**というもので，
これはクラスの定義でメンバー変数やメンバー関数の
宣言を行うところに「public:」で示す．許可しない
場合は「private:」である．どちらも書かれていない
ときは private とみなされる．例題では 6 行目で
public を指定しているので main 関数から参照できるのである．

アクセス修飾子	意　味
public	参照許可
private	参照禁止
省略	参照禁止

アクセス修飾の例

```
public:
    int a,b;
    double x,y;
private:
    int d,e;
    double z;
```

例題 14.5

```
1   // example 14.5
2   #include <iostream>
3   using namespace std;
4
5   class Person {
6   private:
7       int number;
8       string name;
9       int age;
10  public:
11      void SetData(int number, string name, int age);
12      void DisplayData();
13  };
14
15  void Person::SetData(int dnumber, string dname, int dage) {
16      int i;
17      number=dnumber;
18      name=dname;
19      age=dage;
20  }
21
22  void Person::DisplayData() {
23      cout << number << " " << name << " " << age << endl;
24  }
25
26  int main() {
27      Person a,b;
28      a.SetData(2135,"George",19);
29      a.DisplayData();
30      b=a;
31      b.DisplayData();
32  }
```

```
2135 George 19
2135 George 19
```

　例題 14.5 は例題 14.4 と同じ作業をするプログラムであるが，クラスのメンバー変数を private で外からの参照禁止としている．外から触れないのでは使いようがないが，それができるようにメンバー関数を使うのである．この例題では，クラスのメンバー変数に値を入れる関数 SetData とメンバー変数の値を表示する関数 DisplayData を作っている．

■ メンバー関数

クラスの定義でメンバー関数はプロトタイプ宣言を書く（11, 12 行目）．このときは

関数の型 関数名（引数の並び）；

というように普通に関数のプロトタイプ宣言を書く要領でよい．メンバー関数は，クラス内の別のメンバー関数から呼び出されるものを除けば外からアクセスできるようにする．したがってアクセス修飾子は public にしておく（10 行目）．

プロトタイプ宣言の例

```
void Func(int k);
```

一方，関数の本体はクラスの定義の後ろに書く（15 ～ 24 行目）．このときは「::」をはさんで関数名の前にクラス名を付ける必要がある．

関数の型 クラス名::関数名（引数の並び）；

関数本体の見出しの例

```
void Myclass::Func(int k) {
```

■ カプセル化

例題 14.4 と 14.5 を比べると，例題 14.5 の方が明らかに面倒なことをしているように感じるだろう．そこまでしてメンバー変数を隠すメリットは何だろうか．

それはとにかく安全性を保つためである．外部からアクセスできるとデータが漏れるだけでなく，書き換えられたり，他へ悪影響を及ぼすデータを作り出したりすることもある．そこでメンバー変数はしっかり保護しようというのがオブジェクト指向の 1 つの重要な考えである．このことを**カプセル化**という．カプセルに入れて隠してしまうというイメージだ．

メンバー変数は，隠すかわりに正当な処理方法でアクセスする手段を用意しなければならない．それがメンバー関数の仕事である．これは，会社や学校では来客は必ず受付を通すようになっているのと似ている．受付では客の素性を調べたり，用件によってどこへ連れて行くか，あるいは拒絶するかなどの対策がとれる．

絶対に異常な動作をしない安全なプログラムを作るのは簡単ではない．近年の複雑化したシステムではさらに大変である．そこで，危なそうなプログラムはコンパイルの段階でエラーを出して警告しようというのが最近のプログラム言語の流れである．

長い変数名，関数名

　C++では始めから用意されたクラスが非常にたくさんある．さらにクラスにはメンバー変数やメンバー関数がたくさん含まれているので，名前をすべて覚えておくことは不可能である．そのため，初めて見る変数や関数でも意味がわかるような名前が付けられている．そしてたいていは英語である．

　意味がわかるためにはある程度長い名前になることはやむを得ない．しかも 1 つの単語で表せない場合もあるので DisplayData とか ColorValue というように単語の始めを大文字にするような名前が多い．

　長くて大文字小文字の混在する名前は，打ち間違いが多くなるので困ってしまう．Visual C++などの統合環境では，そのようなミスを少しでも減らすため，スペルの途中で登録された名前の候補を並べて選択させるという方法がとられる．しかし，もっと大切なのは，英単語の意味とスペルがわかっていることである．こればかりは機械に頼ることはできない．

■ C++の世界へ

　ここで説明したのは C++のほんの一部である．C++には C 言語にはなかった便利な機能がたくさんある．それは言語の仕様が変わったというだけでなく，ライブラリが充実していることが大きい．そのライブラリはクラスという形で整理されている．だから C++を使いこなすにはクラスの使い方をマスターすることが不可欠である．

　C++は安全性重視のため，データを隠したり，値の定まらない状態を作らないようにしたり，不適切なデータ変換が起こらないようにしたりする「カプセル化」の仕組みがある．一方で，引数が異なる型でも同じ関数名で臨機応変に対応したり，デフォルトの引数が設定できるなど「**多様性**」で使い勝手をよくする機能もある．また，一度作った便利なクラスは他でも簡単に使えるように，既存のクラスを引用して新しいクラスを作る「**継承**」の考え方も導入されている．

　これらがオブジェクト指向という考えの基本であり，複雑化したプログラミングをできる限りやさしく，安全に行うように考えられたものなのである．

問 題

ドリル 以下の問いに答えなさい.

1) C++ではソースプログラムのファイルの拡張子は何か.

2) // による注釈は文の後ろに書いてもよいか.

3) std::cin を cin と省略するには using ☐ std; と書く. ☐ は何か.

4) cin, cout などの入出力をするのに必要なヘッダファイルは何か.

5) printf("ABC"); と同じことを cout への出力の形で書きなさい.

6) cout への出力で endl は何を表すか.

7) scanf("%d",&a); と同じことを cin への入力の形で書きなさい.

8) string 型（クラス）として str という変数を宣言しなさい.

9) string 型変数 str に"Gundam"という文字列を代入する文を書きなさい.

10) 9)の後, str.size() は何を表すか.

11) 以下のように定義されたクラス Animal のインスタンス a と b を宣言しなさい.
```
class Animal {
private:
    int dog;
public:
    int cat;
    void SetVal(int number);
    void DispVal();
};
```
12) 上の private と public は何を表すか.

13) a のメンバー変数 cat を外部から参照するにはどのように書くか.

14) b のメンバー関数 DispVal() を呼び出すにはどのように書くか.

15) カプセル化とは何の意味か.

問題 **14-1** 次のプログラムの実行結果を予測しなさい.

```
#include <iostream>
using namespace std;
int main() {
    int x,y;
    x=3;
    y=x*2;
    cout << "y=" << y;
    return 0;
}
```

```
#include <iostream>
using namespace std;
int main() {
    string u,v,w;
    v="Horse";
    w="Sheep";
    u=v+" and "+w;
    cout << u;
    return 0;
}
```

```
#include <iostream>
using namespace std;

class Aclass {
public:
    int ii;
    string ss;
};

int main() {
    Aclass g,h;
    g.ii=25;
    g.ss="Albert";
    h=g;
    h.ii+=10;
    cout << h.ss << endl << h.ii<<
endl;
    return 0;
}
```

```
#include <iostream>
using namespace std;

class Bclass {
    double ff;
    int ii;
public:
    void In(double x);
    void Show();
};

void Bclass::In(double x) {
    ff=x;
    ii=ff;
}

void Bclass::Show() {
    cout << ff << "切り捨てると" << ii;
}

int main() {
    Bclass a;
    a.In(3.1415);
    a.Show();
    return 0;
}
```

問題 14-2 例題 3.2 と同じ動作をする C++プログラムを printf を使わずに作れ.

問題 14-3 例題 4.1 と同じ動作の C++プログラムを printf や scanf を使わずに作れ.

問題 14-4 キーボード入力した単語を縦書きにするプログラムを完成させなさい.

```
#include <iostream>
using namespace std;
int main() {
    int j,n;
    string w;
    cout << "英単語を入れて ";



    return 0;
}
```

```
英単語を入れて Lion
L
i
o
n
```

問題 14-5 次のプログラムのクラス Account は，人の名前と所持金をメンバー変数と
して持ち，値の設定，入金，出金と残高を表示するメンバー関数を持っている．実
行結果は右下のとおりである．メンバー関数の部分を完成させなさい．

```
#include <iostream>
using namespace std;

class Account {
    int money;
public:
    string name;
    void SetProperty(string s, int m);
    void ShowProperty();
    void GetMoney(int m);
    void PayMoney(int m);

};

void Account::SetProperty(string s, int m) {

}

void Account::ShowProperty() {

}

void Account::GetMoney(int m) {

}

void Account::PayMoney(int m) {

}

int main() {
    Account a,b;
    int x;
    a.SetProperty("Kate",50);
    b.SetProperty("Mike",80);
    cout << "2人の初期値" << endl;
    a.ShowProperty();
    b.ShowProperty();
    x=200;
    a.GetMoney(x);
    a.ShowProperty();
    b.GetMoney(350);
    b.ShowProperty();
    x=160;
    a.PayMoney(x);
    a.ShowProperty();
    return 0;
}
```

```
――― 実行結果 ―――
2人の初期値
Kate は 50 持っています
Mike は 80 持っています
Kate は 200 受け取りました
Kate は 250 持っています
Mike は 350 受け取りました
Mike は 430 持っています
Kate は 160 支払いました
Kate は 90 持っています
```

[付録 1]　　　　問題の解答

1章　ドリル
1) アメリカ合衆国
2) ③
3) 機械語（マシン語）
4) エディタ（テキストエディタ）
5) コンパイラ
6) リンク
7) プログラムの間違いを修正すること
8) C++
9) CUI（CLI）
10) GUI

2章　ドリル
1) 区別する
2) ；（セミコロン）
3) よくない
4) よい
5) 文の書き始めを右に一定量ずつずらしてプログラムの構造を見やすくすること
6) 注釈（コメント，メモ）
7) アスタリスク，スラッシュ，ダブルクォーテーション，セミコロン
8) A
　 B
9) よい
10) よい

問題 2-1

ComputerProgram	かんとか	Hare
		Tortois

問題 2-2

```
"ZZZZZ¥n"
"    Z¥n"
"   Z¥n"
"  Z¥n"
"ZZZZZ¥n"
```

問題 2-3
```
#include <stdio.h>
int main(void) {
```

```
    printf(" (¥¥) は円記号，(¥") は
        "ダブルクォーテーションです. ");
    return 0;
}
```

3章　ドリル
1) 整数
2) させられる
3) させられない
4) させられない（大きすぎる）
5) 倍精度
6) させられる
7) させられる
8) 使える
9) 使える
10) 使えない（@は使えない）
11) 使えない（先頭が数字は不可）
12) 制限はない
13) int num;
14) double sum=0.0;
15) 6
16) 4
17) 4
18) 2 （割り算の余り）
19) 6 （切り捨てられる）
20) 163

問題 3-1
```
scanf("%lf%lf",&kore,&sore);
printf("kore は%f, sore は%f¥n",kore,sore);
printf("kore+sore=%f¥n",kotae);
scanf("%d%d", &a, &b);
printf("a は%d, b は%d¥n",a,b);
printf("a+b=%d¥n",c);
```

問題 3-2

60	-7	15.20

問題 3-3
```
menseki=0.5*teihen*takasa;
/* menseki=teihen*takasa/2; でも可*/
printf("面積は %f¥n",menseki);
```

問題 3-4
```
    printf("面積は %6.1f¥n",menseki);
```

問題 3-5
```
#include <stdio.h>
int main(void) {
    int a,b,c;
    printf("a はいくつ？");
    scanf("%d",&a);
    printf("b はいくつ？");
    scanf("%d",&b);
    c=a*b;
    printf("%d×%d は%d です¥n",a,b,c);
    return 0;
}
```

問題 3-6
```
#include <stdio.h>
int main(void) {
    double r,v;
    printf("半径は？ ");
    scanf("%lf",&r);
    v=4*3.14159*r*r*r/3.0;
    printf("体積は%8.2f¥n",v);
    return 0;
}
```

4章 ドリル
1) a<5
2) a<=3
3) a==b+1
4) a%2!=0
5) なる
6) {} がないので b=2; は if の範囲外
7) 偽
8) 真
9) 偽
10) 偽
11) 真
12) 1
13) 4
14) 3
15) 2
16) 切り換える
17) 指定がない（欠席）
18) 7
19) 20

問題 4-1

3	100.0 より大きい
4	パー

問題4-2
```
    scanf ("%d",&n);
    a=n%2;
    if (a==0) {
```

問題 4-3
```
#include <stdio.h>
int main(void) {
    int t24,t12;
    printf ("何時（24 時間制）？  ");
    scanf ("%d",&t24);
    if(t24>=12) {
        t12=t24-12;
        printf("午後%d 時です¥n",t12);
    }
    else {
        t12=t24;
        printf("午前%d 時です¥n",t12);
    }
    return 0;
}
```

問題 4-4
```
#include <stdio.h>
int main(void) {
    int t24,t12;
    printf ("何時（24 時間制）？  ");
    scanf ("%d",&t24);
    if(t24<0 || t24>=24) {
        printf("不正な数です¥n");
    }
    else if(t24>=12) {
        t12=t24-12;
        printf("午後%d 時です¥n",t12);
    }
    else {
        t12=t24;
        printf("午前%d 時です¥n",t12);
    }
    return 0;
}
```

問題 4-5

```c
#include <stdio.h>
int main(void) {
    int n;
    printf ("いくつ？　");
    scanf ("%d",&n);
    switch(n) {
        case 1: printf("苺\n");
                break;
        case 2: printf("人参\n");
                break;
        case 3: printf("サンダル\n");
                break;
        case 4: printf("ヨット\n");
                break;
        default: printf("わかりません\n");
    }
    return 0;
}
```

問題 4-6

```c
#include <stdio.h>
int main(void) {
    double a,b,c,d;
    printf("a= ");
    scanf("%lf",&a);
    printf("b= ");
    scanf("%lf",&b);
    printf("c= ");
    scanf("%lf",&c);
    d=b*b-4*a*c;
    if(d>0) printf("2つの解\n");
    else if(d<0) printf("解なし\n");
    else printf("重解\n");
    return 0;
}
```

問題 4-7

```c
#include <stdio.h>
int main(void) {
    double cm;
    int shaku,sun;
    printf("何センチメートル ");
    scanf("%lf",&cm);
    shaku=cm/30.3;
    sun=(cm-30.3*shaku)/3.03;
    printf("%.1f センチメートルは ",cm);
    if(shaku!=0) printf(" %d尺 ",shaku);
    if(sun!=0 || shaku==0) printf(" %d寸 ",sun);
    printf("です\n");
    return 0;
}
```

解答 4-8

```c
#include <stdio.h>
int main(void) {
    int a,h;
    printf("足は何本？ ");
    scanf("%d",&a);
    printf("羽はある？ ある＝1 ない＝それ以外の数 ");
    scanf("%d",&h);
    if(h==1) {
        switch(a) {
            case 2: printf("雀\n");
                    break;
            case 6: printf("蜂\n");
        }
    }
    else {
        switch(a) {
            case 2: printf("人\n");
                    break;
            case 4: printf("犬\n");
                    break;
            case 6: printf("蟻\n");
                    break;
            case 8: printf("蛸\n");
        }
    }
    return 0;
}
```

解答 4-9

```c
#include <stdio.h>
int main(void) {
    double a,b,c,t,s;
    printf("第1の辺の長さ ");
    scanf("%lf",&a);
    printf("第2の辺の長さ ");
    scanf("%lf",&b);
    printf("第3の辺の長さ ");
    scanf("%lf",&c);
    if(a<=0 || b<=0 || c<=0) {
        printf("辺は正の値です\n");
        return 0;
    }
    if(a>b) {
        t=a;
        a=b;
        b=t;
    }
    if(b>c) {
        t=b;
        b=c;
        c=t;
    }
    if(c>=a+b) {
        printf("三角形になりません\n");
        return 0;
    }
}
```

```
        s=a*a+b*b-c*c;
        if(s<0) printf("鈍角三角形です¥n");
        else if(s>0) printf("鋭角三角形です¥n");
        else printf("直角三角形です¥n");
        return 0;
}
```

5章 ドリル
1) ～している間
2) 4回
3) 5
4) 18.0
5) 2回
6) 12.0
7) 5回
8) 5回
9) 3つ
10) 中断する
11) 8
12) 続く，続ける
13) 5つ
14) 12個
15) 2行3列　（縦2横3）

問題 5-1

12345	25.0
8642	22
6	***
	**
	*

問題 5-2
```
#include <stdio.h>
int main(void) {
    int j,n;
    printf("いくつ？ ");
    scanf("%d",&n);
    for(j=n;j>=0;j--) printf("%d ",j);
    return 0;
}
```

問題 5-3
```
#include <stdio.h>
int main(void) {
    int j,n;
    printf("いくつ？ ");
    scanf("%d",&n);
    while(n>1) {
```

```
        if(n%2==0) n/=2;
        else n=3*n+1;
        printf("%d ",n);
    }
    return 0;
}
```

問題 5-4
```
for(i=1;i<=5;i++) {
    for(j=i;j<=i+5;j++) {
```

問題 5-5
```
for(i=1;i<=5;i++) {
    for(j=i;j<2*i;j++) {
```

問題 5-6
```
#include <stdio.h>
int main(void) {
    int n;
    while(1) {
        printf ("いくつ ");
        scanf ("%d",&n);
        if(n<=0) break;
        switch(n) {
            case 1: printf("苺¥n");
                    break;
            case 2: printf("人参¥n");
                    break;
            case 3: printf("サンダル¥n");
                    break;
            case 4: printf("ヨット¥n");
                    break;
            default: printf("わかりません¥n");
        }
    }
    printf("終わりです¥n");
    return 0;
}
```

問題 5-7
```
c=2;
do {
    c++;
    t=c*c;
} while(t<s);
if(t==s) printf("%d %d %d¥n",a,b,c);
```

6章 ドリル

1) 10個
2) 0 から 19
3) double cat[20];
4) int dog[11];
5) 22
6) 4
7) 15
8) 9
9) 2
10) 8

問題 6-1

6	103254
70503010	5

問題 6-2

```
for(i=0;i<8;i+=2) {
    printf ("%5d%5d¥n", x[i], x[i+1]);
```

問題 6-3

```
int ilarge,ismall;
ilarge=0;
ismall=0;
i=0;
while(x[i]!=0) {
    if(x[i]<50) {
    small[ismall]=x[i];
        ismall++;
    }
    else {
        large[ilarge]=x[i];
        ilarge++;
    }
    i++;
}
large[ilarge]=0;
small[ismall]=0;
```

問題 6-4

```
#include <stdio.h>
int main(void) {
    int p[5][5]={{0,3,4,0,2},{3,0,2,1,1},
            {2,0,0,3,1},{4,6,2,0,2},
            {1,1,2,4,0}}, i, j, s;
    for(i=0;i<5;i++) {
        for(j=0;j<5;j++) {
            if(i==j) continue;
            printf("Team %d vs Team %d  %d-%d
                    ¥n",i,j,p[i][j],p[j][i]);
        }
    }
    for(i=0;i<5;i++) {
        s=0;
        for(j=0;j<5;j++) {
            if(i==j) continue;
            if(p[i][j]>p[j][i]) s+=3;
            if(p[i][j]==p[j][i]) s+=1;
        }
        printf("Team %d  %d points¥n",i,s);
    }
    return 0;
}
```

7章 ドリル

1) 7
2) 255
3) 66
4) 8ビット
5) 65
6) ' '
7) 2
8) char moji;
9) よい
10) 65
11) 67
12) 67
13) C
14) C
15) 99文字（'¥0'で1つ使うから）
16) T
17) 4
18) C
19) CAT
20) キーボードからwへ文字列入力

問題 7-1

U85	aceg
CAB	comp

問題 7-2

```
if (m>31 && m<127) printf ("文字コード%d
は%c です",m,m);
```

問題 7-3

```
char w[100];
n=0;
while(w[n]!='¥0') n++;
```

問題 7-4

```
#include <stdio.h>
int main(void) {
    char w[100];
    int j;
    printf ("文字列を入れて ");
    gets(w);
    j=0;
    while(w[j]!='¥0') {
        putchar(w[j]);
        putchar(w[j]);
        j++;
    }
    return 0;
}
```

問題 7-5

```
#include <stdio.h>
int main(void) {
    char w[100];
    int j;
    printf ("文字列を入れて ");
    gets(w);
    j=0;
    while(w[j]!='¥0') {
        if(w[j]==',') printf("¥n");
        else printf("%c",w[j]);
        j++;
    }
    return 0;
}
```

問題 7-6

```
#include <stdio.h>
int main(void) {
    char w[100];
    int j,n,m;
    printf ("文字列を入れて ");
    gets(w);
    n=0;
    while(w[n]!='¥0') n++;
    m=(n+1)/2;
    for(j=0;j<m;j++) printf("%c",w[j]);
    printf("¥n");
    for(j=m;j<n;j++) printf("%c",w[j]);
    return 0;
}
```

問題 7-7

```
#include <stdio.h>
int main(void) {
    char w[100];
    int i;
    printf("文字列を入れて ");
    gets(w);
    i=0;
    while(w[i]!='¥0') {
        if(w[i]>=32 && w[i]<=126) {
            w[i]++;
            if(w[i]==127) w[i]=32;
        }
        i++;
    }
    puts(w);
    return 0;
}
```

問題 7-8

```
#include <stdio.h>
int main(void) {
    char w[100];
    int i,s;
    printf("文字列を入れて ");
    gets(w);
    i=0;
    s=0;
    while(w[i]!='¥0') {
        if(w[i]>='0' && w[i]<='9') s+=w[i]-'0';
        i++;
    }
    printf("%d¥n",s);;
    return 0;
}
```

問題 7-9

```
#include <stdio.h>
int main(void) {
    char w[200];
    int i,j,r;
    printf("文字列を入れて ");
    gets(w);
    i=j=0;
    while(w[i]!='¥0') {
        r=i%8;
        if(r==0) {
            j++;
            printf("%2d ",j);
        }
        putchar(w[i]);
        if(r==7) putchar('¥n');
        i++;
    }
    putchar('¥n');
    return 0;
}
```

8章 ドリル

1) ヘッダファイル
2) よくない
3) stdio.h
4) math.h
5) double
6) 1個
7) double
8) 文字を表示すること
9) 文字列の長さ（文字数）
10) string.h
11) プロトタイプ宣言
12) できない
13) void
14) int
15) char
16) 呼び出せる
17) よい
18) よい
19) ある
20) ローカル変数

問題 8-1

10.625	13
14	*
	***
	*****

問題 8-2

```
#include <math.h>
        y=exp(x);
            printf ("%4.1f%8.5f¥n", x, y);
```

問題 8-3

```
#include <stdio.h>
#include <math.h>
int main(void) {
    double a,b,c,d,r;
    printf("a= ");
    scanf("%lf",&a);
    printf("b= ");
    scanf("%lf",&b);
    printf(" θ = ");
    scanf("%lf",&d);
    r=3.14159265*d/180;
    c=sqrt(a*a+b*b-2*a*b*cos(r));
    printf("c=%f¥n",c);
    return 0;
}
```

問題 8-4

```
void asterisk(int n);
    scanf ("%d", &k);
void asterisk(int n) {
```

```
int j;
for(j=0;j<n;j++) printf("*");
printf("¥n");
```

問題 8-5

```
#include <string.h>
#include <ctype.h>
```

```
char w[100];
int n;
while(1) {
  printf("1~3の数字を入れて下さい ");
  gets(w);
  n=strlen(w);
  if(n<1 || n>1) {
    printf(" 1文字で入れて下さい¥n");
    continue;
  }
  if(!isdigit(w[0])) {
    printf(" 数字ではありません. ¥n");
    continue;
  }
  n=w[0]-'0';
  if(n<1 || n>3) {
    printf(" 範囲外の数です. ¥n");
    continue;
  }
  else break;
}
return n;
```

問題 8-6

```
    if(y%4!=0) return 0;
    if(y%100!=0) return 1;
    if(y%400==0) return 1;
    return 0;
```

問題 8-7

```
    if(m<1 || m>12) return 0;
    if(d<1 || d>31) return 0;
    if(m==2) {
        if(uruu(y) && d==29) return 1;
        if(d<=28) return 1;
        return 0;
    }
    switch(m) {
        case 4:
        case 6:
```

```
      case  9:
      case 11: if(d<=30) return 1;
                return 0;
   }
   if(d<=31) return 1;
   return 0;
```

9章 ドリル

1) 指し示すもの
2) int *p;
3) double *q;
4) 普通の変数
5) &c
6) *p
7) *q=12.3;
8) p=&c
9) &array[0]　（配列の先頭アドレス）
10) 11
11) 22
12) void
13) &r　（変数rのアドレス）
14) ローカル変数
15) コマンドの引数の数

問題 9-1

45	2
-19	16 64
*ch*m*	1.6

問題 9-2

```
void func(int *y, int *x);
void func(int *y, int *x) {
    *y=s;
```

問題 9-3

```
void delspc(char *p);
void delspc(char *p) {
```

```
char *q;
q=p;
while(*p!='¥0') {
    if(*p!=' ') {
        *q=*p;
        q++;
    }
    p++;
}
*q='¥0';
```

問題 9-4

```
if(argc<2) {
n=argv[1][0]-'0';
default : printf("1 2 3 以外は無効¥n");
```

問題 9-5

```
double s,a,b,r;
int i;
s=0;
for(i=0;i<size;i++) s+=x[i];
a=s/size;
s=0;
for(i=0;i<size;i++) {
    b=x[i]-a;
    s+=(b*b);
}
r=sqrt(s/size);
return r;
```

問題 9-6

```
double s,a,b,r;
        .
        .
        .
    問題 9-5 と同じ
if(type==0) r=sqrt(s/size);
else r=sqrt(s/(size-1));
return r;
```

10章 ドリル

1) FILE *f;
2) f=fopen("a.txt","r");
3) g=fopen("z.txt","w");
4) NULL
5) fscanf(f,"%d",&k);
6) EOF
7) ファイルポインタ
8) fclose(f);
9) ファイルから1行の文字列を読み込む
10) 値をコンマで区切ったテキストファイル

問題 10-1

5	3

問題 10-2

```
FILE *fp;
if((fp=fopen("aa.txt","r"))==NULL) {
while(fscanf(fp,"%d",&a)!=EOF)
printf("%d¥n",a);
fclose(fp);
```

問題 10-3

```c
#include <stdio.h>
int main(void) {
    int count;
    char line[200],fnamei[50],fnameo[50];
    FILE *fi,*fo ;
    printf ("入力ファイル名を入れて ");
    gets(fnamei);
    printf ("出力ファイル名を入れて ");
    gets(fnameo);
    if ((fi=fopen(fnamei,"r"))==NULL) {
        printf ("入力オープンできない¥n");
        return 1;
    }
    if ((fo=fopen(fnameo,"w"))==NULL) {
        printf ("出力オープンできない¥n");
        return 2;
    }
    count=0;
    while(fgets(line,200,fi)!=NULL) {
        count++;
        fprintf(fo,"%04d:%s",count,line);
    }
    fclose(fi);
    fclose(fo);
    return 0;
}
```

問題 10-4

```c
#include <stdio.h>
#include <string.h>
int main(void) {
    int cntl,cntc;
    char line[200],fname[50];
    FILE *f;
    printf ("ファイル名 ");
    gets(fname);
    if ((f=fopen(fname,"r"))==NULL) {
        printf ("オープンできない¥n");
        return 1;
    }
    cntl=cntc=0;
    while(fgets(line,200,f)!=NULL) {
        cntl++;
```

```
        cntc+=(strlen(line)-1); 注)
    }
    fclose(f);
    printf("%d 行%d 文字¥n",cntl,cntc);
    return 0;
}
```

注) fgets は改行コードまで読み込む

問題 10-5

```c
#include <stdio.h>
#include <math.h>
int main(void) {
    FILE *fo;
    double x,y,z,r;
    if((fo=fopen("out.csv","w"))==NULL) {
        printf("Error");
        return 9;
    }
    for(y=-4;y<=4;y+=0.2) {
        for(x=-2;x<=2;x+=0.2) {
            r=x*x+y*y;
            if(r==0) z=1;
            else z=sin(r)/r;
            fprintf(fo,"%6.3f,",z);
        }
        fprintf(fo,"¥n");
    }
    fclose(fo);
    return 0;
}
```

11 章　ドリル

1) structure 構造
2) タグ
3) u と v
4) 使えない
5) x
6) 2.5
7) 型や構造体の型の別名を定義
8) time.h
9) 1970 年はじめからの秒数
10) localtime

問題 11-1

2.3	119

問題 11-2

```
double naiseki(vect u, vect v);
```

```
double naiseki(vect u, vect v) {
    double z;
    z=u.x*v.x+u.y*v.y;
    return z;
}
```

問題 11-3

10 から 0 まで 1 秒ずつカウントダウンする.

問題 11-4

```
#include <stdio.h>
#include <time.h>
int main(void) {
    time_t second;
    char wd[7][4]={"Sun","Mon","Tue","Wed",
                   "Thu","Fri","Sat"};
    struct tm z;
    second=time(NULL);
    z=*localtime(&second);
    printf("%02d/%02d (%s) %02d:%02d¥n",
        z.tm_mon+1,z.tm_mday,
        wd[z.tm_wday],z.tm_hour,
        z.tm_min);
    return 0;
}
```

問題 11-5

```
    int power;

    struct man tom, john, devil;
    tom.power=5;
    john.power=7;
    tom.life=200;
    john.life=400;
    tom.money=1200;
    john.money=900;
    devil.power=tom.power+john.power;
    devil.life=tom.life+john.life;
    devil.money=tom.money+john.money;
```

12 章 ドリル

1) コンパイルの前にヘッダファイルを取り込んだり，文字列の置き換えをしたりする.
2) 定義する
3) 必要ない
4) よい
5) x =365+5
6) stdlib.h
7) srand
8) 0 1 2 3
9) 0〜1.0
10) キャスト

問題 12-1

3	VV=8
1 か 2 のどちらか	0.3

問題 12-2

```
#define P printf("PLUS¥n")
#define M printf("MINUS¥n")
#define Z printf("ZERO¥n")
```

問題 12-3

```
#include <stdio.h>
#include <stdlib.h>
#include <time.h>
int main(void) {
    double x;
    int j;
    srand((unsigned int)time(NULL));
    for(j=0;j<100;j++) {
        x=10.0*rand()/RAND_MAX;
        printf("%7.2f",x);
        if(j%10==9) printf("¥n");
    }
    return 0;
}
```

問題 12-4

```
#include <stdio.h>
#include <stdlib.h>
#include <time.h>
int main(void) {
    int j,n;
    char d[6][13]={"¥n *¥n¥n",
                   "*¥n¥n *¥n",
                   "*¥n *¥n *¥n",
                   "* *¥n¥n* *¥n",
                   "* *¥n *¥n* *¥n",
                   "* *¥n* * ¥n* *¥n"};
    srand((unsigned int)time(NULL));
    n=rand()%6;
    printf("%s",d[n]);
    return 0;
}
```

解答 12-5

```
x=(double)rand()/RAND_MAX;
y=(double)rand()/RAND_MAX;
```

　(x, y) が入る可能性のある範囲の面積は 1 で，$y<x^2$ が成り立つ範囲の面積は $y=x^2$ の曲線と x 軸の間の面積なので 1/3 である.

解答 12-6

```c
#include <stdio.h>
#include <stdlib.h>
#include <time.h>
#define N 100000
#define M 20
int main(void) {
    int bd[100],t,i,j,match,count,d;
    double r;
    srand((unsigned int)time(NULL));
    count=0;
    for(t=0;t<N;t++) {
        match=0;
        for(i=0;i<M;i++) bd[i]=rand()%365;
        for(i=0;i<M-1;i++) {
            for(j=i+1;j<M;j++) {
                d=abs(bd[i]-bd[j]);
                if(d<=1 || d==364) {
                    match=1;
                    break;
                }
            }
            if(match==1) break;
        }
        count+=match;
    }
    r=1.0*count/N;
    printf("%d 回中 %d 回 確率は%.3f¥n",N,count,r);
    return 0;
}
```

13章　ドリル

1) 問題解決のための手順，手段
2) t=b; b=a; a=t;
　　　　または
　　t=a; a=b; b=t;
3) 左ローテーション
4) 1 配列の先頭要素
5) ソート
6) x[0]を仮の最大とし，それ以降でそこまでの最大より大きければ，その値を仮の最大に置き換える.
7) 1 つの変数を 0 にして，その変数に配列を1 つずつ加える.
8) リニアサーチ
9) バイナリサーチ
10) 再帰的呼び出し

問題 13-1

20	-16
2 3 4 5 1	12358
3	7 5 3 1

問題 13-2

```
t=w[n];
for(j=n;j>0;j--) w[j]=w[j-1];
w[0]=t;
```

問題 13-3

```c
#include <stdio.h>
#include <string.h>
int main(void) {
    char w[100],t;
    int i,j,m,n;
    printf("文字列を入れて ");
    gets(w);
    n=strlen(w)-1;
    for(i=0;i<n;i++) {
        m=i;
        for(j=i+1;j<=n;j++) {
            if(w[m]>w[j]) m=j;
        }
        t=w[i]; w[i]=w[m]; w[m]=t;
    }
    puts(w);
    return 0;
}
```

問題 13-4

```
second=x;
second=first;
```

問題 13-5

```
if(n<1) return 1;
return n*func(n-2);
```

14章 ドリル

1) cpp
2) よい
3) namespace
4) iostream
5) cout << "ABC"
6) 改行
7) cin >> a
8) string str;
9) str="Gundam";
10) 文字列の長さ
11) Animal a,b;
12) クラス外からの参照の禁止（private）と，許可（public）
13) a.cat
14) b.DispVal();
15) クラス内の変数などを外部から直接アクセスできないようにする.

問題 14-1

y=6	Horse and Sheep
35	3.1415切り捨てると3

問題 14-2

```cpp
#include <iostream>
using namespace std;
int main() {
    int a,b,kotae;
    a=31;
    b=14;
    kotae=a+b;
    cout << a << "と" << b << "を足すと"
        << kotae << "です" << endl;
    return 0;
}
```

問題 14-3

```cpp
#include <iostream>
using namespace std;
int main() {
    int age;
    cout << "何歳ですか? ";
    cin >> age;
    if (age<20) {
        cout << "未成年です" << endl;
    }
    else {
        cout << "大人です" << endl;
    }
    return 0;
}
```

問題 14-4

```cpp
cin >> w;
n=w.size();
for(j=0;j<n;j++) cout << w.at(j) << endl;
```

問題 14-5

```cpp
name=s;
money=m
```

```cpp
cout << name << "は" << money <<
"持っています" << endl;
```

```cpp
cout << name << "は" << m <<
        "受け取りました" << endl;
money+=m;
```

```cpp
cout << name << "は" << m <<
        "支払いました" << endl;
money-=m;
```

［付録2］　　おもな標準関数

関数名	ヘッダ ファイル	書　式	説　明	例題
abs	stdlib.h	int abs(int n)	整数の絶対値	
acos	math.h	double acos(double x)	アークコサイン，戻り値は 0 以上 π 以下．	
asctime	time.h	char *asctime(const struct tm *x)	time 関数で得る時刻情報を与えて，日時を表す文字列に変換する．戻り値は変換した文字列のアドレス．	
asin	math.h	double asin(double x)	アークサイン，戻り値は-π/2〜π/2.	
atan	math.h	double atan(double x)	アークタンジェント，戻り値は-π/2〜π/2.	
atan2	math.h	double atan2(double x,double y)	y/x のアークタンジェント	
atof	stdlib.h	double atof(const char *x)	文字列のポインタを与えて double 型数値に変換する．	
atoi	stdlib.h	int atoi(const char *x)	文字列のポインタを与えて int 型数値に変換．	
calloc	stdlib.h	void *calloc(size_t n, size_t size)	size バイトの動的メモリを n 個分確保，その先頭アドレスを返す．0 に初期化する．	
ceil	math.h	double ceil(double x)	x より小さくない最小の整数，ただし double 型．	
cos	math.h	double cos(double x)	コサイン，x の単位はラジアン．	
cosh	math.h	double cosh(double x)	ハイパボリックコサイン．	
exit	stdlib.h	void exit(int n)	プログラムを終了させて，n を OS に返す．この値がどう使われるかは OS による．main 関数を int にして値を返す場合は不要な関数．	
exp	math.h	double exp(double x)	指数関数，e^x	
fabs	math.h	double fabs(double x)	実数の絶対値	
fclose	stdio.h	int fclose(FILE *f)	ファイルを閉じる．	10.1
feof	stdio.h	int feof(FILE *f)	ファイルの終わりを検出．終わりなら非 0 を返す．	
fflush	stdio.h	int fflush(FILE *f)	f のバッファに残っているデータを吐き出す．成功は 0，失敗は EOF を返す．	
fgetc	stdio.h	int fgetc(FILE *f)	ファイルから 1 文字読み込む．	

fgets	stdio.h	char *fgets(char *s,int n,FILE *f)	ファイルから char 配列に n バイト未満の文字列を読み込む. 最後の改行コードも含まれる. 失敗したら NULL(空ポインタ)を返す.	10.3
floor	math.h	double floor(double x)	x を超えない最大の整数, ただし double 型.	
fmod	math.h	double fmod(double x,double y)	x/y の実数剰余, y が 0 のときは 0.	
fopen	stdio.h	FILE *fopen(const char *fn, const char *mode)	ファイルをオープンする. fn はファイル名文字列のポインタ, mode は "r"読み込み, "w"書き出し. オープン失敗のときは NULL を返す.	10.1
fprintf	stdio.h	int fprintf(FILE *f, const char *format,…)	ファイルへの書式付き出力, ファイルポインタが必要な以外は printf と同じ.	10.4
fputc	stdio.h	int fputc(int c, FILE *f)	ファイルに文字 c を出力, 失敗時は EOF を返す.	
fputs	stdio.h	int fputs(const char *s,FILE *f)	ファイルに文字列 s を書き込む. 改行文字は付加しない. 失敗時は EOF を返す.	10.5
free	stdlib.h	void free(void *p)	malloc, calloc 等で確保されたメモリ一領域 p を解放する.	
fscanf	stdio.h	int fscanf(FILE *f, const char format,…)	ファイルからの書式付き読み込み. ファイルポインタが必要な以外は scanf と同じ.	10.1
getc	stdio.h	int getc(FILE *f)	ファイルから 1 文字読み込み, ファイルの終わりやエラーの時は EOF を返す.	
getch	conio.h	int getch(void)	キーボードからの 1 文字即時入力, Enter を押す必要がない. ANSI 非標準だが getch を持つコンパイラは多い.	
getchar	stdio.h	int getchar(void)	キーボードからの 1 文字入力, 失敗は EOF.	
gets	stdio.h	char *gets(char *s)	文字列を読み込んで, s に格納, 終わりの改行文字は捨てられ'¥0'が付加される. 失敗は NULL.	7.6
isalnum	ctype.h	int isalnum(int c)	文字 c が英字か数字なら非 0, そうでなければ 0 を返す.	
isalpha	ctype.h	int isalpha(int c)	c が英字なら非 0, そうでなければ 0 を返す.	
isdigit	ctype.h	int isdigit(int c)	c が数字なら非 0, そうでなければ 0 を返す.	8.2
islower	ctype.h	int islower(int c)	c が英小文字なら非 0, そうでなければ 0.	8.2
isupper	ctype.h	int isupper(int c)	c が英大文字なら非 0, そうでなければ 0.	8.2

localtime	time.h	struct tm *localtime (const time_t *timer)	time 関数が返す値のアドレスを引数にとり，tm 型の構造体を指すポインタを返す.
			struct tm {
			　　int tm_sec;
			　　int tm_min;
			　　int tm_hour;
			　　int tm_mday;
			　　int tm_mon;
			　　int tm_year;
			　　int tm_wday;
			　　int tm_yday;
			　　int tm_isdst;
			};
				11.4

log	math.h	double log(double x)	x の自然対数（底 e）を返す．x>0.	
log10	math.h	double log10(double x)	x の常用対数（底 10）を返す．x>0.	
malloc	stdlib.h	void *malloc(size_t size)	size バイトの動的メモリーを確保，その先頭アドレスを返す．0 に初期化しない.	
pow	math.h	double pow(double x, double y)	x^y を返す.	8.1
printf	stdio.h	int printf(const char *format,…)	書式付き出力.	2.2
putc	stdio.h	int putc(int c, FILE *f)	ファイルに 1 文字出力.	
putchar	stdio.h	int putchar(int c)	画面に 1 文字出力，putc(c, stdout)と同じ.	7.8
puts	stdio.h	int puts(const char *s)	文字列 s を出力，改行が付く.	7.7
rand	stdlib.h	int rand(void)	0 から RAND_MAX の間の疑似乱数を返す.	12.2
rewind	stdio.h	void rewind(FILE *f)	ファイルポインタをファイルの先頭に移動.	
scanf	stdio.h	int scanf(const char *format,…)	書式付き入力.	
sin	math.h	double sin(double x)	サイン，x の単位はラジアン.	10.5
sinh	math.h	double sinh(double x)	ハイパボリックサイン	
sprintf	stdio.h	int sprintf(char *s, const char *format,…)	書式付き出力を文字配列 s に格納する.	
sqrt	math.h	double sqrt(double x)	x のルート.	8.1
srand	stdlib.h	void srand(unsigned int n)	擬似乱数の種を n にする.	12.2
sscanf	stdio.h	int sscanf(const char *s, const char *format,…)	文字配列 s から書式付き読み込み.	
strcat	string.h	char *strcat(char *s1, const char *s2)	文字列 s1 に s2 を連結付加する.	
strcmp	string.h	int strcmp(const char *s1, const char *s2)	文字列 s1 と s2 を比較(辞書の順)して s1 が大は正，同じは 0，小は負の整数を返す.	
strcpy	string.h	char *strcpy(char *s1, const char *s2)	文字列 s2 を s1 に複写する．戻り値は s1 のアドレス.	11.1

strlen	string.h	size_t strlen(const char *s)	文字列 s の長さを求める. 終わりの '¥0' は数えない. size_t は符号なし整数.	8.2
strstr	string.h	char *strstr(const char *s1, const char *s2)	文字列 s1 の中で文字列 s2 が見つかる最初の位置(ポインタ). 見つからないときは NULL.	
tan	math.h	double tan(double x)	タンジェント, x の単位はラジアン.	
tanh	math.h	double tanh(double x)	ハイパボリックタンジェント.	
time	time.h	time_t time(time_t *timer)	1970/01/01 から現在の時間までの経過秒. *timer にも同じ値を与える.	11.4
tolower	ctype.h	int tolower(int c)	英大文字を英小文字にする. その他は無変換.	8.3
toupper	ctype.h	int toupper(int c)	英小文字を英大文字にする. その他は無変換.	8.3

注1) const は固定した値を持つオブジェクトも使えることを表す. たとえば strcpy では

char *strcpy(char *s1, const char *s2)

となっている. この場合第 1 引数は文字配列でなければならないが, 第 2 引数は文字配列でも文字リテラル (""で囲んだ文字列) でも可能なことを意味する.

char dest[10],source[10];
$\vdots$
strcpy(dest,source);   strcpy(dest,"string");

注2) size_t は sizeof 演算子で求めた整数値の型. sizeof 演算子は次のように使う.

sizeof char,   sizeof int,   sizeof 'A',   sizeof "abcd"

[付録3] 演算子などの優先順位

順 位	演算子	用 例	結 合	意 味
1	() [] . -> ++ --	puts(s) array[n] st.member p->member m++ n-	左↔○	関数呼び出し，優先 配列添字 構造体メンバー ポインタでの構造体メンバー インクリメント（後置） デクリメント（後置）
2	++ -- sizeof & * + - ! ~	++m --n sizeof(int) &x *p +a -b !(a>3) ~n	○↔右	インクリメント（前置） デクリメント（前置） 記憶量 アドレス ポインタ 正符号 負符号 否定 ビット補数
3	(型)	(double)n	○↔右	キャスト
4	* / %	a*b a/b m%n	左↔○	乗算 除算 除算の余り
5	+ -	a+b a-b	左↔○	加算 減算
6	<< >>	m<<2 m>>1	左↔○	ビット左シフト ビット右シフト
7	< <= > >=	a<b a<=b a>b a>=b	左↔○	左が小 同じか左が小 左が大 同じか左が大
8	== !=	a==b a!=0	左↔○	等号 不等号
9	&	m&n	左↔○	ビット積（AND）
10	^	m^n	左↔○	ビット差（XOR）
11	|	m|n	左↔○	ビット和（OR）
12	&&	a>0 && b<3	左↔○	論結合（かつ）
13	||	a==1 || b>2	左↔○	論結合（または）
14	?:	a>b?x:y	○↔右	条件
15	= += -= など	a=47 b+=2 b-=5	○↔右	代入 加算代入 減算代入
16	,	int m,n	左↔○	コンマ（順次）

注) 結合規則は同じ優先順位のものが並んだとき，左右どちらのオペランド（変数など演算子の影響を受けるもの）に結合するかを表す．「左↔○」は演算子が左側のオペランドと結合することを表す．「○↔右」は右側と結合する．

［付録４］　　　　　文字コード表

10進数	16進数	文 字	説 明	10進数	16進数	文 字	説 明
0	00	NUL	ヌル文字	64	40	@	アットマーク
1	01	SOH	ヘッダ開始	65	41	A	
2	02	STX	テキスト開始	66	42	B	
3	03	ETX	テキスト終了	67	43	C	
4	04	EOT	転送終了	68	44	D	
5	05	ENQ	照会	69	45	E	
6	06	ACK	受信成功	70	46	F	
7	07	BEL	警告	71	47	G	
8	08	BS	バックスペース	72	48	H	
9	09	HT	水平タブ	73	49	I	
10	0A	LF	改行	74	4A	J	
11	0B	VT	垂直タブ	75	4B	K	
12	0C	FF	改ページ	76	4C	L	
13	0D	CR	復帰	77	4D	M	
14	0E	SO	シフトアウト	78	4E	N	
15	0F	SI	シフトイン	79	4F	O	
16	10	DLE	データリンク拡張	80	50	P	
17	11	DC1	装置制御1	81	51	Q	
18	12	DC2	装置制御2	82	52	R	
19	13	DC3	装置制御3	83	53	S	
20	14	DC4	装置制御4	84	54	T	
21	15	NAK	受信失敗	85	55	U	
22	16	SYN	同期	86	56	V	
23	17	ETB	転送ブロック終了	87	57	W	
24	18	CAN	取り消し	88	58	X	
25	19	EM	メディア終了	89	59	Y	
26	1A	SUB	置換キャラクタ	90	5A	Z	
27	1B	ESC	拡張（エスケープ）	91	5B	[	左大かっこ
28	1C	FS	フォーム区切り	92	5C	¥	円
29	1D	GS	グループ区切り	93	5D	]	右大かっこ
30	1E	RS	レコード区切り	94	5E	ˆ	山，キャレット
31	1F	US	ユニット区切り	95	5F	＿	アンダーバー
32	20		スペース	96	60	`	バッククォート
33	21	!	エクスクラメーション	97	61	a	
34	22	”	ダブルクォート	98	62	b	
35	23	#	ナンバー，シャープ	99	63	c	
36	24	$	ドル	100	64	d	
37	25	%	パーセント	101	65	e	
38	26	&	アンド，アンパサンド	102	66	f	
39	27	’	シングルクォート	103	67	g	
40	28	(	左かっこ	104	68	h	
41	29	)	右かっこ	105	69	i	
42	2A	*	アスタリスク	106	6A	j	
43	2B	+	プラス	107	6B	k	
44	2C	,	コンマ	108	6C	l	
45	2D	-	マイナス	109	6D	m	
46	2E	.	ピリオド，ドット	110	6E	n	
47	2F	/	スラッシュ	111	6F	o	
48	30	0		112	70	p	
49	31	1		113	71	q	
50	32	2		114	72	r	
51	33	3		115	73	s	
52	34	4		116	74	t	
53	35	5		117	75	u	
54	36	6		118	76	v	
55	37	7		119	77	w	
56	38	8		120	78	x	
57	39	9		121	79	y	
58	3A	:	コロン	122	7A	z	
59	3B	;	セミコロン	123	7B	{	左中かっこ
60	3C	<	不等号，小なり	124	7C			縦棒，パイプ
61	3D	=	イコール，等号	125	7D	}	右中かっこ
62	3E	>	不等号，大なり	126	7E	~	チルダ，波
63	3F	?	クエスチョンマーク	127	7F	DEL	デリート，削除

［付録5］ C言語に関係する英単語

英単語	意 味	関係する C 言語のキーワード
absolute	絶対の	abs, fabs
break	中断する	break
case	場合	switch-case
ceiling	天井	ceil
character	文字	char, putchar, %c
close	閉じる	fclose
continue	続ける	continue
decimal	10 進数の	%d
default	欠席（指定がない）	default
define	定義する	#define
digit	数字	isdigit
do	する, せよ	do ～ while
double	2 倍の	double
floating point	浮動小数点	float, %f
floor	床	floor
for	～のため, ～の間	for
get	得る, 取る	gets, getchar
include	含む	#include
integer	整数	int
length	長さ	strlen
lower	下の （アルファベットの小文字）	islower, tolower
mathematics	数学	math.h
null	無効, 無い	NULL
open	開く	fopen
print	印刷する	printf, fprintf
put	置く	puts, putchar
random	ランダム	rand, srand, RAND_MAX
return	戻る	return
scan	走査する(キーボードを)	scanf
signed	符号の付いた	signed, unsigned
square root	平方根	sqrt
standard	標準の	stdio.h, stdin
string	文字列	strlen, strcpy, %s
structure	構造	struct
switch	切り換える	switch-case
upper	上の （アルファベットの大文字）	isupper, toupper
void	空の, 無効の	void
while	～の間	while

271

索 引

記号・数字

-	26
--	65
--	147
,	100
!	54
!=	47
″	17, 18
#	14
#define	187, 188
#include	14, 190
%=	66
%c	100
%d	23, 31
%e	27
%lf	31, 33
%s	103
%x	36
%X	36
&	143
&&	54
*	26, 143
*/	14
*=	66
.cpp	236
/	26
/*	14
//	236
/=	66
::	247
||	54

+	26
++	65, 147
+=	66
<<	225, 237
=	23
-=	66
==	47
>>	225
¥	18
¥¥	18
¥″	18
¥a	18
¥b	18
¥n	17, 18
¥r	18
'¥0'	102, 103
0x	37
1バイト文字	98
2次元配列	93
2の補数	37, 38
2バイト文字	98
10進整数	23
16進数	37

A

a.out	6
argc	152
argv	152
auto	232

B

break	57, 59, 76, 77

</cite>

著者紹介

大石　弥幸（おおいし やさき）

1981 年　名古屋大学大学院工学研究科博士課程修了（工学博士）
　〃　　名古屋大学工学部助手
1989 年　大同大学工学部電気工学科助教授
1997 年　同　教授
2002 年　大同大学情報学部情報学科教授
2019 年　大同大学名誉教授

　　専門は音響工学

朝倉　宏一（あさくら こういち）

1995 年　名古屋大学工学部助手
2003 年　同　　助教授
2008 年　大同大学情報学部准教授
2013 年　同　教授

　　博士（工学）．専門は並列・分散処理，アドホック・ネットワーク

2009 年 4 月　4 日	初　版	第 1 刷発行
2012 年 3 月 24 日	初　版	第 3 刷発行
2014 年 1 月 30 日	改訂版	第 1 刷発行
2016 年 2 月 24 日	改訂版	第 3 刷発行
2018 年 9 月　8 日	改訂増補版	第 1 刷発行
2021 年 2 月 16 日	改訂増補版	第 2 刷発行
2021 年 12 月 10 日	第 2 版	第 1 刷発行

　例題で学ぶ
　はじめてのC言語 ［第2版］

　著　者　大石弥幸／朝倉宏一　©2021
　発行者　橋本豪夫
　発行所　ムイスリ出版株式会社

　〒169-0075
　東京都新宿区高田馬場 4-2-9
　Tel.(03)3362-9241(代表)　Fax.(03)3362-9145　振替 00110-2-102907

　イラスト：MASH　　　　　　　　ISBN978-4-89641-309-0　C3055